U0144963

1

2   3

3   11

4   19

5   37

6   55

7   87

學測化學必考的22個題型

學測化學懂了沒？

學校老師沒教的解題祕訣

就讓**大為老師**

報你知！

推薦人：

國立嘉義大學 王進發教授

陳立教育集團 倪秀珍執行長

大集美教育事業 王照君主任

作者：陳大為

蘇傑‧簡紅典

自　序

　　學測準備千頭萬緒，有心的同學，你該自哪一方面下手？

　　近來學測自然科的部分，多傾向考有關基礎觀念與日常生活相關的應用科學題目，時事與日常生活、環境議題等，都與課程內容做統整性的串連。化學科是自然科的一部分，更是與日常生活的關聯性最大、最明顯的一門學科，所以已儼然成為學測中自然科的大重點。在所有自然科的題型中，只有化學科同時兼具「理解」、「背誦」、「計算」等學習技巧；不只如此，其他部分如生物科有關遺傳（DNA 與蛋白質，常見的有機化合物）、營養（消化？）等以及物理科有關氣體（氣體壓力與氣體定律）與量子力學（陰極射線與荷質比）等，都與化學科息息相關，故化學科對於學測的重要性，實不言可喻。

　　看起來是千頭萬緒，其實在學測的化學科準備上，有二十二個題型需要特別注意的。這些題型，都是歷屆學測必考的重點，所以同學在準備考試上，統統不可放過。要知道近來學測考試的題目難易適中，困難度高的計算題已不多見，取而代之的是基本觀念題，所以，演練歷屆試題，思考可能的出題類型與解題方法，是準備學測的不二法門。本書並不是一般的市售參考書：在編排上，是以引導的方式帶領同學瞭解題型，除了解題，作者以教學上的經驗，分享解題需切入的觀點，讓同學可以舉一反三、旁徵博引。然

而，儘管說本書只是引導同學在準備大考上的觀念，但對於相關課程內容重點的敘述仍沒有偏廢，所以課程內容的重點整理，仍然佔有極大的篇幅。最後還加入類似題練習，讓同學在學習完之後，還有簡單的相關題目來練習。也由於本書出版的目的是為了引導同學準備大考化學科的觀念，所以，並沒有大量的練習題目占用篇幅，然而，作者仍運用在教學上的經驗，編寫學測模擬試題，讓使用本書的學生能有一個完美的攬讀。

　　求學沒有不勞而獲，但是有捷徑！有效的引導，可以讓同學在準備考試上收事半功倍之效。希望本書能協助全國莘莘學子，對學測考試的化學科部份不再感到徬徨迷惑，在有限的時間裡，能有效掌握重點，進而突破困境，讓自己的名字，高高地寫在大學入學的金榜上！

陳大為　謹於 101 年夏

作者簡介

陳大為老師

　　陳大為老師，縱橫補教界 25 年，每年教導上千位國、高中學生，為目前大台北、桃園等地區最受肯定的國中理化、高中化學補教名師，上課風格節奏明快、幽默詼諧、課程重點針針見血，抓題精準，最擅長將課程重點彙整列表圖示，並以日常生活實例融入理化課程中，深受學生好評。曾為中國時報「97 國中基測完全攻略密笈」乙書、「國三第八節」專欄理化科作者。著有「你也可以是理化達人」乙書、「圖解國中基測理化」、「國中理化TOP 講義」、「國高中理化太陽講義」進度與總複習系列、並校編「超可愛化學」等四小書系列。現任程明陳大為理化專業教學團隊執行長。

蘇傑老師

　　程明陳大為理化專業教學團隊首席教師，歷任大集美、高國華、儒林、文匯、萬勝等各大補習班國中自然科與高中化學老師，廣受學生歡迎與肯定。著有「圖解國中基測理化」、並校編「超可愛元素週期表」乙書等。

簡紅典老師

　　程明陳大為理化專業教學團隊首席教師，歷任大集美、高國華、萬勝等各大補習班國高中自然科老師。著有「圖解國中基測理化」、並校編「超可愛化學」乙書等。

目　錄

題型一　物質分類 001

題型二　原子與分子、原子量與分
　　　　子量 007

題型三　原子結構與電子排列 013

題型四　週期表 019

題型五　化學反應與計量 023

題型六　能量變化與赫士定律 031

題型七　反應類型 037

題型八　濃度與溶解度 045

題型九　電解質 051

題型十　酸鹼度（pH 值）與中和 057

題型十一　氧化還原與電池 —————————— 065

題型十二　化學鍵 —————————— 073

題型十三　烴　類 —————————— 079

題型十四　常見的有機化合物 —————————— 093

題型十五　化石燃料與能源 —————————— 111

題型十六　化學與化工 —————————— 121

題型十七　氣體的性質與分壓 —————————— 145

題型十八　氣體三大定律與
　　　　　理想氣體 —————————— 151

題型十九　反應速率定律 —————————— 157

題型二十　反應速率模型與
　　　　　影響因素 —————————— 163

題型二十一　化學平衡與勒沙特列
　　　　　　原理　　　　　　　　　171

題型二十二　溶解度平衡與沉澱　　　177

陳大為老師部落格，歡迎參觀！

http://tw.myblog.yahoo.com/wwb666

FB 網路教學家族，歡迎提問討論！

https://www.facebook.com/groups/wwb666/

題型一　物質分類

題型一 物質分類

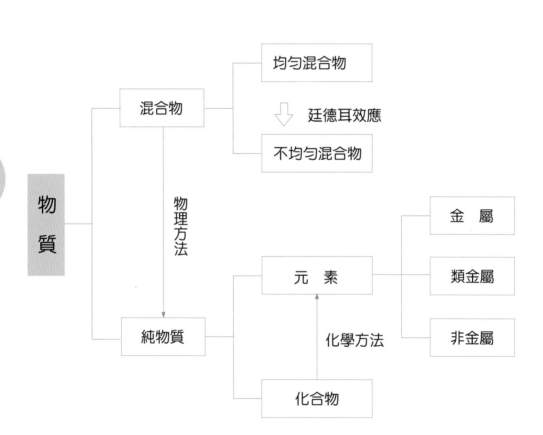

範例

下列四圖中，小白球代表氦原子，大灰球代表氖原子。那一圖最適合表示標準狀態（STP）時，氦氣與氖氣混合氣體的狀態？　　　　（91 學測）

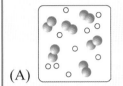
(A)

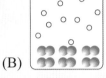
(B)

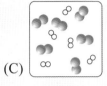
(C)

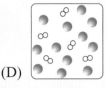
(D)

【答案】A

【解析】小白球表示氦氣是雙原子分子，而大灰球表示氖氣是單原子分子，氣體能均勻混合

解題切入觀點

粒子模型是每年學測熱門題型，不外乎就是區分「純物質」與「混合物」、「元素」與「化合物」以及分子組成（單原子分子惰氣最熱門）。而「狀態」近年也常列入考題內容中。

酒屬於混合物

黃金屬於純物質的元素

精鹽屬於純物質的化合物

1. 狀態

狀　態	代　號	體　積	形　狀	例　子
固態	(s)	固定	固定	$H_2O_{(s)}$
液態	(l)	固定	隨容器而變	$H_2O_{(l)}$
氣態	(g)	充滿容器	充滿容器	$H_2O_{(g)}$

氣態物質
沒有固定體積和形狀

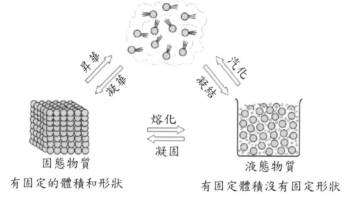

固態物質
有固定的體積和形狀

液態物質
有固定體積沒有固定形狀

噴射飛機的凝結尾

2. 純物質與混合物

	純物質	混合物
性質區分	具有固定組成與性質	非具固定組成與性質
粒子觀點	僅有一種分子	含有多種分子
分離方式	不能以普通物理方法分離	以普通物理方式可分離

3. 元素與化合物

	元素	化合物
粒子觀點	僅有一種原子	含有多種原子
分離方式	不能以普通化學方法分離	以普通化學方式可分離

4. 混合物分離的方法

(1) 過濾 filtration：分離固體與液體。

(2) 蒸餾 distillation：以沸點不同分離出沸點低的物質，可利用「磁攪拌子」避免突沸（bumping）。

(3) 傾析 decantation：分離難溶固體與液體。

(4) 離心分離 centrifugal separation：依混合物密度不同，利用離心技術短時間內分離之。

(5) 萃取 extraction：利用物質在兩互不相溶之溶劑中溶解度不同，將物質由一相移入另一相。

(6) 再結晶 recrystallization：利用物質溶解度對溫度變化的差異性。

(7) 層析 chromatography：利用物質對吸附體附著力的不同分離移動相與固定相。

類題 1

下列有關常見物質分類的敘述，何者正確？

(A) 食鹽由氯化鈉組成，所以是純物質

(B) 純水可經由電解生成氫氣及氧氣，所以不是純物質

(C) 糖水為純糖溶於純水組成，所以是純物質

(D) 不鏽鋼不易生鏽，所以是純物質　　　　　　　　　（88 學測）

【答案】A

【解析】(B)純水為化合物，是純物質；(C)糖水是混合物；(D)不鏽鋼內含
鐵、鉻、鎳的合金，是混合物

類題 2

下面有關元素及原子的概念，哪一項敘述正確？

(A) 純物質甲受熱分解產生純物質乙及氣體丙，則物質甲不可能是元素

(B) 具有物質特性之最小單元是原子

(C) 由兩種相同元素組成的多種化合物，性質必相同

(D) 乾淨的空氣是化合物　　　　　　　　　　　　　　（83 學測）

【答案】A

【解析】(B)具物質特性為分子；(C)不一定相同，例如 CO、CO_2；(D)為混
合物。

題型二　原子與分子、原子量與分子量

題型二 原子與分子、原子量與分子量

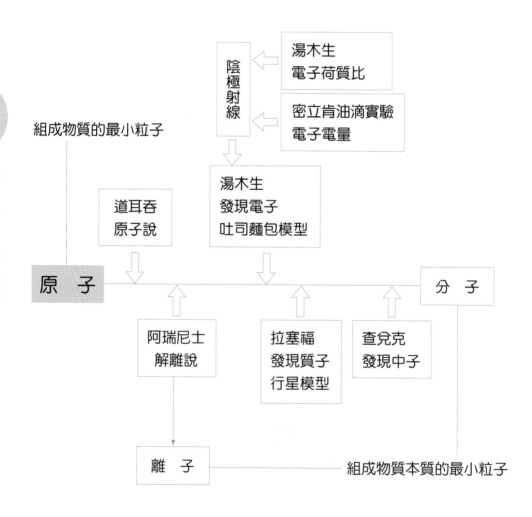

解題觀念思考

組成物質的最小粒子

湯木生
電子荷質比

密立肯油滴實驗
電子電量

陰極射線

湯木生
發現電子
吐司麵包模型

道耳吞
原子說

原 子

分 子

阿瑞尼士
解離說

拉塞福
發現質子
行星模型

查兌克
發現中子

離 子

組成物質本質的最小粒子

範 例

碳的原子量為 12.01，已知碳的同位素有^{12}C、^{13}C及極微量的^{14}C。試問下列哪一選項為^{12}C與^{13}C在自然界中的含量比例？ （99 指考）

(A) 1：1　　　(B) 9：1　　　(C) 49：1　　　(D) 99：1　　　(E) 199：1

【答案】D

【解析】依照題意所示^{14}C含量極少，可將^{14}C的含量視為趨近於 0

令^{12}C與^{13}C的含量比例為 x：y

可得 $12.01 = 12 \times \dfrac{x}{x+y} + 13 \times \dfrac{y}{x+y}$

故 x：y = 99：1

解題切入觀點

「平均原子量」即為各同位素原子量之加權平均。

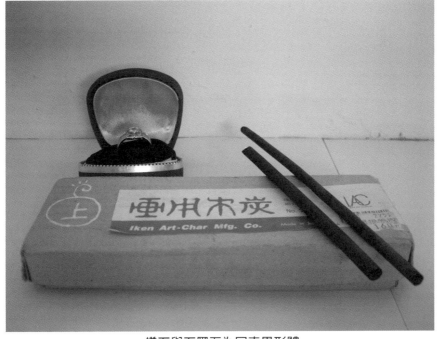

鑽石與石墨互為同素異形體

1. 基本定律與學說

   (1) 定比定律 law of definite proportions（定組成定律）：西元 1799 年，法國科學家普魯斯特（Joseph Proust）研究化合物的組成而提出。說明化合物無論其來源或製備方法為何，其組成的元素間都有一定的質量比。如水的組成元素為氫和氧，無論水的生成方式為何，質量比恆為 1：8。

   (2) 倍比定律 law of multiple proportions：西元 1803 年，英國科學家道耳吞（John Dalton）提出。若兩元素可以形成兩種或兩種以上的化合物時，其中一元素的質量固定，則另一元素的質量成簡單整數比。如碳和氧可形成 CO 及 CO_2 兩種化合物，當碳的質量固定時，CO 及 CO_2 中氧的質量比為 1：2。

   (3) 質量守恆定律 law of mass conservation：西元 1789 年，法國科學家拉瓦節由測量各種燃燒反應的反應物和生成物的質量，而提出質量守恆定律。內容為在化學反應前後，反應物的總質量和生成物的總質量維持不變。如 4 克氫氣恰可和 32 克氧氣完全反應，產生 36 克水。

   (4) 原子說 atomic theory：西元 1808 年，道耳吞為了解釋當時所發現的如質量守恆定律、定比定律等各種化學現象而提出。（亦可解釋倍比定律）

   內容：① 一切的物質都由原子所組成，原子是最基本粒子不可分割。

   修正 原子並非最小微粒，而是由更小的粒子，如電子、質子、中子構成。

   ② 相同元素的原子，具有相同的質量及性質，不同元素的原子質量和性質不同。

   修正 因元素有同位素的存在，如氫元素含有 ^1H、^2H、^3H 三種，故同一元素的質量未必完全相同。又因元素有

同量素的存在，同一質量的原子未必是同一元素。

③不同元素的原子能以簡單的整數比結合成化合物。

價值 解釋定比定律。

④化學反應只是原子間的重新排列，反應前後原子的種類與數目不變。

價值 解釋質量守恆定律。

2. 原子量與分子量

　(1)原子的組成：原子主要是由原子核及核外電子所組成，原子核是由質子及中子所構成。（下個題型詳敘）

　(2)原子序：原子核中的質子數目，其數目決定原子的性質。一個中性的原子，其原子序=質子數=核外電子數。

　(3)質量數：原子核所含的質子數與中子數的總和，必為整數。

　(4)同位素：原子序相同而質量數不同的原子。

　(5)原子量atomic weight：規定一個 $_6^{12}C$ 原子量為 12。其他原子的原子量則可以和一個 $_6^{12}C$ 的質量相比較求出。

　(6)平均原子量：週期表或原子量表上所列的各元素之原子量，為各元素在自然界中各同位素的平均原子量。平均原子量= (同位素原子量×各同位素含量百分比) 之加總。

　(7)分子量 molecular weight：分子中所有原子的原子量總和。

3. 莫耳

　(1)定義：國際單位系統（SI 制）規定 12 公克的 ^{12}C 原子所含原子的個數稱為 1 莫耳，簡寫為 1 mol。1 莫耳相當於 6.02×10^{23} 個，此數目稱為亞佛加厥常數（Avogadro's number），以 N_0 表示。

　(2)某種原子之單位質量表示法可以是下列兩種：

　　1 個 ^{12}C 原子質量 = 12.0 amu ／個。

　　1 莫耳 ^{12}C 原子質量 = 12.0 克／ mol。

　(3)克原子量：以克為單位的原子量稱為克原子量，簡稱為克原子，即 1 莫耳或 6.02×10^{23} 個該原子的質量。

　(4)克分子量：以克為單位的分子量稱為克分子量，簡稱為克分子，即 1 莫耳或 6.02×10^{23} 個該分子的質量。任何物質 1 克分子量所含

的分子數均相同，都等於 6.02×10^{23} 個。

(5)莫耳數的求法：

$$莫耳 = \frac{質量}{分（原）子量}$$

$$= \frac{分（原）子數}{6.02 \times 10^{23}}$$

$$= 莫耳濃度（M）\times 溶液體積（L）$$

類題 1

溴的原子序為 35，已知溴存在兩個同位素，其百分率幾近相同，而溴的原子量為 80，則溴的兩個同位素中的中子數分別為何？

(A) 43 和 45

(B) 79 和 81

(C) 42 和 44

(D) 44 和 46

(E) 45 和 47

（94 學測）

【答案】D

【解析】假設兩同位素的中子數分別為 X 與 Y，則其原子量近似值為

（35＋X）及（35＋Y），並且其含量比＝1：1

$$\therefore \frac{(35+X)+(35+Y)}{2} = 80$$

$$\therefore X + Y = 90$$

題型三　原子結構與電子排列

題型三　原子結構與電子排列

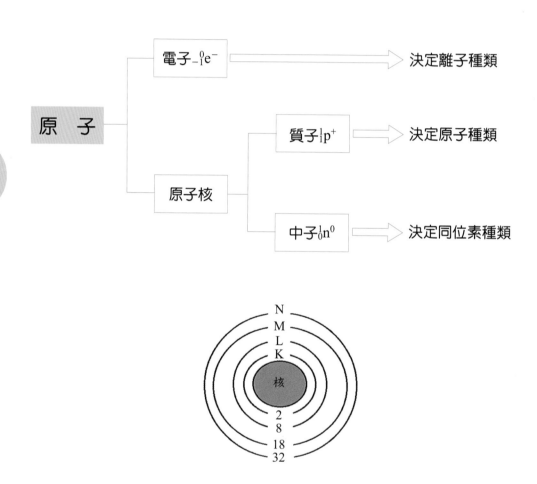

範 例

X^{2+} 與 Y^- 都具有 18 個電子及 20 個中子，下列有關X、Y兩元素的敘述，何者正確？　　　　　　　　　　　　　　　　　　　（92 學測）

(A) X 之質量數為 38

(B) $^{35}_{17}Cl$ 為 Y 之同位素

(C) X^{2+} 和 Y^- 為同素異形體

(D) X 和 Y 具有相同的質子數目

【答案】B

【解析】∵ x 有 $18+2=20$ 個電子，等同於 20 個質子，為 $^{40}_{20}Ca$；∴ y 有 $18-1=17$ 個電子，等同於 17 個質子，為 $^{35}_{17}Cl$；(C) x^{2+} 與 y^- 為同電子數的粒子。

解題切入觀點

質子數（正值）＋電子數（負值）＝電荷數。又質子數＋中子數＝質量數。

大為老師告訴你正確觀念

質量數、原子量、平均原子量、原子質量，你清楚它們的異同嗎？現在就告訴你！

質量數：原子核內質子數與中子數總和，必為整數。

原子量：令 C-12 原子量＝12，得原子質量與 C-12 原子質量的比值。

平均原子量：原子所有同位素的加權平均值，記錄在週期表。

原子質量：原子實際質量，當然包含電子質量。

1. 荷質比與電子發現

   (1)陰極射線的發現：1879 英‧克魯克司（W.Crookes）發現推定，並提出「原子為密度均勻的帶正電球體，電子分布於其中」。

   (2)特性：陰極射線為高速運動的粒子，且在電場中，向正極偏折（帶負電）。偏折方向由「安培右手定則」判別。其產生與氣體種類或電極材料無關。

   (3)電子荷質比（e/m）測定：1897 湯木生（Joseph John Thomson）利用陰極射線測定，電子的 $e/m = 1.76 \times 10^8$ 庫侖／g。

   (4)電子電荷測定：1909 美‧密立肯（Robert Andrews Millikan）利用油滴實驗測得電子電荷為 1.602×10^{-19} 庫侖。

   (5)電子質量測定：$e \div e/m = m$，1.602×10^{-19} 庫侖／ 1.759×10^8 庫侖／$g = 9.11 \times 10^{-28}g$

2. 核外電子：帶負電荷，質量小可忽略，分布範圍極大。

   (1)依電子距原子核的遠近，將其分成若干殼層，最近的第一殼層，稱為 K 殼層、第二層稱為 L 殼層。第三殼層稱為 M 殼層、第四殼層稱為 N 殼層。

   (2)每一殼層最多可容納 $2n^2$ 個電子。如 $n = 1$ 殼層最多可容納 2 個電子；$n = 2$ 殼層最多可容納 8 個電子，$n = 3$ 殼層最多可容納 18 個電子。

   (3)電子的排列由 n 值越小的殼層填起，依次排列，如此形成的原子為最穩定的狀態。

   (4)由於電子和原子核間及電子間產生複雜的交互作用力，所以原子序小於 20 的原子，在 $n = 3$ 殼層最多只能容納 8 個電子。

3. 原子核：含質子與中子。

   (1)質子帶正電荷，質量大，決定原子種類與化學性質。

   (2)中子電中性，質量稍大於質子，決定同位數種類。

類題 **1**

下列各種粒子中，質量最小的是哪一種？

(A) 氫離子

(B) 氫原子

(C) 電子

(D) 中子

(E) α粒子

（88 學測）

【答案】C

【解析】(A)氫離子 1 amu；(B)氫原子 1 amu；(C)電子 $\dfrac{1}{1836}$ amu；

(D)中子 1 amu；(E)α粒子 4 amu。

古老的原子概念

許多事物是先發現再命名，但「原子」則是先命名再找尋。

最早在西元前四世紀，希臘的哲學家德謨克利特（Democritus）就提出原子的概念說法，他認為「所有的物質都是由一種極小的粒子所構成，這種粒子稱為『原子』，它不能再分割，而每個原子的周圍都有寬廣的空間」。而原子的英文 atom，就是由希臘文演變而來，意味著「不能再分割」，但當時的人們並無法接受這種觀點。

其後，希臘最有影響力的哲學家亞里斯多德（Aristotle）居然提出所謂「四元素說」，認為「所有物質均由四種元素：土（固體）、水（液體）、空氣（氣體）及火（難以捉摸），以不同的比例組合而成。」，由於基督教興盛，這種理論居然支配了中世紀有關物質的思想，且刺激了煉金術的興起。

一直到十七世紀，英國的化學家波以耳（Robert Boyle）才斷然摒棄「四元素說」。經過實驗之後，發現「波以耳定律」：定溫下，對定量的氣體施加壓力，氣體的體積與施加的壓力成反比」。由此可知，氣體的原子間必然存有空隙，在施加壓力時，原子間的距離就會縮小，體積也就變小了。

德謨克利特的原子說，只是單純的哲學理念，並沒有實證，波以耳以氣體體積與壓力的變化，闡明證實它的正確性。而道耳吞則使原子說真正提升至自然科學的層次。

題型四　週期表

解題觀念思考

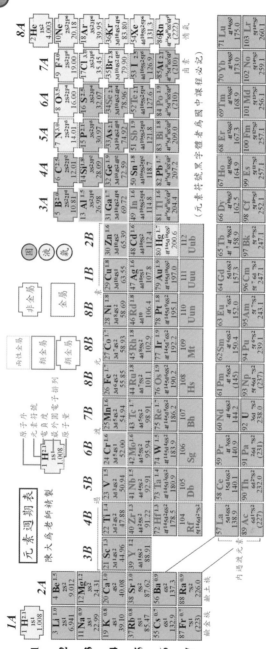

範 例

下列哪一組元素符號依序為〔硼、鈦、鉻、砷、氪〕？　　（97學測）

(A) [Ba、Ti、Ca、Ar、Cr]

(B) [Be、Ni、Cs、Sn、Cr]

(C) [Br、Li、Cf、Am、K]

(D) [B、Ti、Cr、As、Kr]

(E) [B、Ni、Cr、As、K]

【答案】D

解題切入觀點

週期表為元素性質的總整理，其順序與排列常是各種化學與物理性質的呈現，元素符號更是需要熟記的項目。另各族與各週期所表現出的意義亦應清楚明瞭。

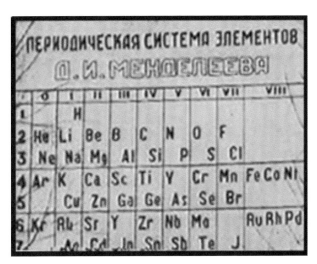

門德列夫週期表手稿

1. 1869 俄國科學家門德列夫提出。依原子量大小排列，性質相近的元素會排在一起，有明顯週期性。
2. 現代週期表為 1913 英國科學家莫色勒（Henry Moseley）提出，認為元素性質是依原子序為週期函數。橫列為「週期（period）」，縱行為「族（group or family）」。
3. 主族（main group element）：1～2 族，13～18 族。包括金屬、非金屬，具有廣大的化性物性。價電子 1～8 個，價電子數為族數，化性與價電子數密切相關。
4. 過渡元素（transition element）：3～12 族，均為金屬（過渡金屬）。

類 題 1

附表為元素週期表的一部分，甲至戊表元素符號，其中甲的原子序為 13。試問附表中，哪一個元素的原子半徑最小？

(A) 甲　　　　(B) 乙　　　　(C) 丙　　　　(D) 丁　　　　(E) 戊

甲	乙	
丙	丁	戊

【答案】B
【解析】原子半徑判斷於週期表由左而右遞減，由上而下遞增。

題型五 化學反應與計量

題型五　化學反應與計量

寫出完整的化學反應方程式	判斷限量試劑

化學計量 ⟶ 將莫耳數換算所求

將已知量換算成莫耳數　　　由反應式係數
　　　　　　　　　　　　推知欲求之莫耳數

w.myblog.yahoo.com/wwb666

尿素$(NH_2)_2CO$（分子量＝60）是工業上重要的化學原料，也可作為農作物的肥料成分。由氨與二氧化碳反應可得尿素和水，若在高壓反應容器內加入 34 克氨（分子量＝17）與 66 克二氧化碳（分子量＝44），假設氨與二氧化碳完全反應後，則下列有關此反應化學計量的敘述，哪幾項是正確的？（應選三項）　　　　　　　　　　　　　　　　　（95 學測）

(A) 平衡的化學反應式是 $NH_{3(g)} + CO_{2(g)} \rightarrow (NH_2)_2CO_{(aq)} + H_2O_{(\ell)}$

(B) 剩餘 8.5 克的氨未反應

(C) 剩餘 22 克的二氧化碳未反應

(D) 生成 60 克的尿素

(E) 生成 18 克的水

【答案】CDE

【解析】平衡的化學反應式如下

$2\ NH_{3(g)} + 1\ CO_{2(g)} \rightarrow 1\ (NH_2)_2CO_{(aq)} + 1\ H_2O_{(\ell)}$

34 g 氨 = 2 mol NH_3 $\left(\dfrac{W}{M_0} = \dfrac{34}{17}\right)$ 與 66 g 二氧化碳 = 1.5 mol CO_2

$\left(\dfrac{W}{M_0} = \dfrac{66}{44}\right)$

$2\ NH_{3(g)} + 1\ CO_{2(g)} \rightarrow 1\ (NH_2)_2CO_{(aq)} + 1\ H_2O_{(\ell)}$

	$2\ NH_{3(g)}$	$1\ CO_{2(g)}$	$1\ (NH_2)_2CO_{(aq)}$	$1\ H_2O_{(\ell)}$
初始：	2	1.5	0	0
反應：	-2	-1	$+1$	$+1$
平衡：	0	0.5	1	1

(B)剩 0 g 的氨 NH_3 未反應；(C)剩 CO_2 0.5 mol×44 (g/mol)＝22 克的二氧化碳未有反應；(D)生成$(NH_2)_2$ CO 1 mol×60 (g/mol)＝60g的尿素；(E)生成 H_2O 1 mol×18 (g/mol)＝18g 的水。

解題切入觀點

化學計量首先要寫出化學式，而後寫出化學反應方程式並平衡之，利用方程式係數比得知各物質莫耳數比，繼而求出欲得到的結果。

一、化學式種類

1. 實驗式（empirical formula）：

   (1)表示物質組成最簡單之化學式，可以表明分子中原子的種類與原子數之相對比值。如：醋酸 CH_3COOH 的實驗式為 CH_2O。

   (2)實驗式中，各原子的原子量相加，稱為「式量」。如：CH_2O 的式量 $=30g/mol$。

   (3)金屬、離子化合物、網狀共價固體，均為連續性結構，以實驗式表示。如：Al、Cu、$NaCl$、$BaCl_2$、SiC、SiO_2等。

   (4)若兩化合物之實驗式相同，則二者之重量百分組成也完全相同。

2. 分子式（molecular formula）

   (1)表示分子中，原子種類與原子數目之化學式。如：醋酸的分子式：$C_2H_4O_2$。

   (2)分子式的式量為實驗式的整數倍。

   (3)不同化合物可能有相同的分子式。如：甲醚（CH_3OCH_3）與乙醇（C_2H_5OH）的分子式均為 C_2H_6O。丙醛（CH_3CH_2CHO）與丙酮（CH_3COCH_3）的分子式均為 C_3H_6O。

3. 結構式（structural formula）

   (1)表示一分子所含原子種類、數目和結合的情形之化學式。理想之結構式應為立體，但是為了方便常適度簡化以平面表示。例：CH_4

   (2)分子式相同但結構式不同，稱為「同分異構物（isomer）」。同上 2.(3)。

4. 示性式（rational formula）

   表示一分子內所含原子的種類、數目和根或官能基而簡示其特性的化

學式。例如：甲醇與醋酸的示性式分別為 CH_3OH 、CH_3COOH。

5. 電子點式：利用元素符號及其最外層電子數來表示原子。如鈉原子與氯原子的電子點式表示法如下：

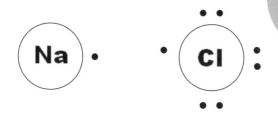

二、化學式求法

1. 燃燒分析法（combustion analysis method）又稱元素分析法（elemental analysis method）：利用質量守恆定律，根據生成物組成與質量推知反應物的化學式。

2. 分子式及結構式的求法流程：

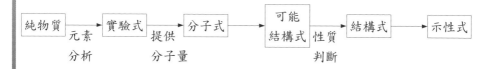

三、化學反應方程式

1. 均衡化學方程式所代表的意義：

　(1)由方程式可得知：

　　① 質量守恆（原子不滅）：反應前後原子種類和數目沒有改變，只是原子重新排列組合，所以反應前後總質量始終保持不變。

　　② 方程式係數比＝分子數比＝莫耳數比＝體積比（氣體，依據亞佛加厥定律）。

　(2)僅由方程式無法得知：

　　① 反應物是否完全反應完畢。

　　② 最初的反應物之莫耳數無法由方程式得知。

　　③ 反應速率。

2. 化學反應的基本原理：

 (1)質量不滅（原子不滅）：化學反應只是原子重新排列，反應前後原子的種類及數目均不變。（依據道耳吞原子說）

 (2)能量不滅：化學反應過程中能量的形式可以轉變，但總能量不增不減。

 (3)總電荷量不滅：反應前後，離子所帶的總電荷量不變。

3. 化學方程式的均衡方法：

 (1)左右觀察法：

  ① 由方程式兩邊出現次數最少，而出現形式不同之元素開始。

  ② 由方程式中元素種類最多，且原子個數最多之分子開始。

 (2)代數聯立法：

  ① 設立未知數（可將原子個數最多者令為 1，將省事很多。）

  ② 依原子不滅（或電荷不滅）方程式。

  ③ 解方程式，得到各未知數。

四、化學計量

1. 利用化學方程式由已知量的反應物（或生成物）來求未知量的生成物（或反應物）之計算。

2. 進行的過程如下：

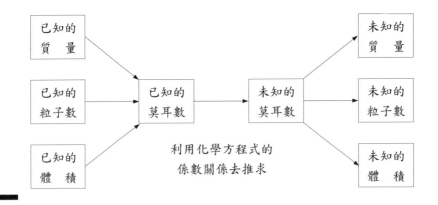

類題 1

小華進行了一個簡單的實驗，以測定金屬 M 之原子量。他將該金屬之氧化物（化學式 M_2O_3）1.6 克在高溫下分解，剩下的金屬質量為 1.12 克，則 M 之原子量為多少？

(A) 28　　　(B) 42　　　(C) 56　　　(D) 70　　　(E) 84　　　（92 學測）

【答案】C

【解析】反應前後金屬 M 的重量不變。因此 $\dfrac{1.12}{M} : \dfrac{1.6-1.12}{16} = 2 : 3$，故得 M = 56。

大為老師說故事

6.02×10^{23}

「好煩喔！」自習課時，宋宜薇忽然將筆記本往桌子上一摔，高聲叫道，「是誰發明莫耳的計算啦！幹麻把數字弄得這麼複雜！甚麼 6.02×10^{23} 啊！我都算到快煩死了！」

坐在教室後面的大為老師，原本正批改著同學作業，聽見宜薇的不滿宣洩，於是放下筆，快步走到講台上，對著全班同學說道，「有誰知道『1 莫耳 $= 6.02 \times 10^{23}$ 個』的這個數字，是如何訂下來的？」

「還不是那些無聊的科學家！」宜薇仍忿忿不平。

「宜薇，你先別煩躁啦！」大為老師揮揮手，試圖安撫她，「大家知道所謂『莫耳』，定義就是物質每克原子量或克分子量所含的原子數或分子數。但是，像分子、原子這些粒子如此微小，『6.02×10^{23}』這個數字是如何設計出來的呢？有誰知道？」

同學們你看我、我看你，沒有人回答。

大為老師停了一下，見無人回答，於是換個角度問，「電子是誰發現而確定的？」

「老師，我知道！」吳翊婷舉手，「是『湯木生』！」

老師滿意地點點頭，開始說道，「湯木生最重要的貢獻，就是探

討陰極射線的性質，也就是電子的性質，並確定了電子質量與電量的比值——『質荷比』。後來，有位名叫『密立根』的科學家，作出了轟動一時的『油滴實驗』（註），計算出一個基本電荷的電量為 1.602×10^{-19} 庫侖，並利用了湯木生的結論，求出一個電子的質量⋯⋯。」

看見全班同學鴉雀無聲，大為老師意會到似乎說的有點複雜，於是想藉著問答方式來引導同學，就又問道，「誰可以告訴我，甚麼是『電鍍』？」

「電鍍就是：利用電解的方式，讓電流通過電極與電解液，讓帶電的離子流動，進而讓金屬析出於負極上。」簡仰辰搶答。

「很好，我們就是利用電解而得的物質質量，還有通電電量的多寡，推算出每『莫耳』的數目，而得『6.02×10^{23}』這個數字。當時，電學家法拉第在電解銀的實驗裡，發現電解 108 公克、相當於 1 莫耳的銀，需要 96500 庫侖的電量，所以，將 96500 庫侖除以基本電荷的電量、也就是 1.602×10^{-19} 庫侖，就等於『6.02×10^{23}』這些粒子的數目。後來，我們為了紀念『亞佛加厥』這位科學家的貢獻，所以將『6.02×10^{23}』這個數字命名為『亞佛加厥常數』。」

「這個故事的由來與『6.02×10^{23}』這個數字，一樣複雜到令人討厭！」宜薇仍不滿地說，看起來，這個單元讓她有不小的挫折。

「對呀，就好像當初發明運動定律的牛頓，如果被蘋果、或者是被像榴槤等這種更大型的水果砸死，大家就不必為牛頓三大定律這個單元傷腦筋了！」大為老師的幽默，讓全班同學莞爾，「可是，你們有沒想過，今天我們享受這些進步的科技所製造出來的物質生活之所有基礎，就是這些偉大科學家日以繼夜、辛勤研究而得的呢？」

（註）密立根設計了一種研究單個油滴在電場和重力場作用下運動的方法。這一實驗後來被稱做油滴實驗，比起較早的方法，這是一項重大改進，用它得到了可靠並且可以重複測量的電子電荷值。

題型六 能量變化與赫士定律

題型六　能量變化與赫士定律

熱化學反應 ── 吸熱反應ΔH > 0 ── 莫耳解離熱

利用赫士定律求
未知反應熱

放熱反應ΔH < 0 ── 莫耳燃燒熱
　　　　　　　　　莫耳中和熱

學測化學必考的22個題型

範例

在實驗室中可藉氯酸鉀分解反應製氧，藉碳酸鈣分解產生二氧化碳，汽車的安全氣囊則利用汽車遭強力撞擊時，引發三氮化鈉（NaN_3）瞬間分解，產生氮氣充滿膠囊，達到保護作用。三氮化鈉的分解反應為 $2\,NaN_{3(s)} \rightarrow 2\,Na_{(s)} + 3\,N_{2(g)}$，在常溫常壓下，三氮化鈉分解會放出 21.7 千焦耳／莫耳的熱量，若此反應以 ΔH 表示，則下列敘述，何者正確？　　　（91 學測）

(A) 三氮化鈉分解的熱化學反應式為 $2\,NaN_{3(s)} \rightarrow 2\,Na_{(s)} + 3\,N_{2(g)} + 43.4$ 千焦耳

(B) 三氮化鈉分解的熱化學反應式為 $2\,NaN_{3(s)} \rightarrow 2\,Na_{(s)} + 3\,N_{2(g)} + 21.7$ 千焦耳

(C) 三氮化鈉分解的熱化學反應式為 $2\,NaN_{3(s)} + 21.7$ 千焦耳 $\rightarrow 2\,Na_{(s)} + 3\,N_{2(g)}$

(D) 三氮化鈉分解反應的反應熱 $\Delta H = 21.7$ 千焦耳／莫耳

【答案】A

【解析】三氮化鈉（NaN_3）分解會放出 21.7 千焦耳／莫耳的熱量，方程式平衡後 NaN_3 係數為 2，故熱化學反應方程式熱量部分應為 21.7 的 2 倍為 43.4。

解題切入觀點

熱化學反應方程式應注意單位與吸熱放熱的情形，因為會影響符號以及倍數。

重點提醒

赫士定律（Hess's law）：若一反應能以兩個或多個其他反應之代數和表示，則其反應熱為此數個反應熱的代數和，即反應熱與反應途徑無關，只與反應物之起始及最終狀態有關。

如：$Sn_{(s)} + Cl_{2(g)} \rightarrow SnCl_{2(s)}$，$\Delta H = -349.8 \text{ kJ}$　（1式）

$SnCl_{2(s)} + Cl_{2(g)} \rightarrow SnCl_{4(l)}$，$\Delta H = -195.4 \text{ kJ}$　（2式）

$Sn_{(s)} + 2Cl_{2(g)} \rightarrow SnCl_{4(l)}$，$\Delta H = -545.2 \text{ kJ}$　（1＋2式）

類題 1

根據附表化學鍵能（千焦耳／莫耳）的值，甲烷（CH_4）的莫耳燃燒熱（千焦耳／莫耳）為若干？

(A) 379　　　　(B) 808　　　　(C) 1656　　　　(D) 2532　　（84 推甄）

化學鍵	O＝O	C－H	O－H	C＝O
鍵能（千焦耳／莫耳）	497	414	463	803

【答案】B

【解析】甲烷燃燒反應式為 $CH_4 + 2O_2 \rightarrow CO_2 + 2H_2O$ 則 CH_4 有 4 個 C－H 單鍵、$2O_2$ 有 2 個 O＝O 雙鍵、CO_2 有 2 個 C＝O 雙鍵、$2H_2O$ 有 4 個 O－H 單鍵，故 $414 \times 4 + 497 \times 2 - (803 \times 2 + 463 \times 4) = -808$。

類題 2

化學反應的反應熱（ΔH）與生成物及反應物的熱含量有關，而物理變化也常伴隨著熱量的變化。下列有關物理變化的熱量改變或反應熱的敘述，哪些正確？（應選 3 項）

(A) 水的蒸發是吸熱過程

(B) 汽油的燃燒是放熱反應

(C) 化學反應的 ΔH 為正值時，為一放熱反應

(D) 反應熱的大小與反應物及生成物的狀態無關

(E) 化學反應的 ΔH 為負值時，反應進行系統的溫度會上升　　（100 學測）

【答案】ABE

【解析】定義：ΔH（反應熱）＝生成物熱含量－反應物熱含量。

(A)水的蒸發，由液相變成氣相，分子間位能提升，為吸熱過程；(B)燃燒必隨光與熱的釋放，為放熱過程；(C)$\Delta H > 0$ 表示生成物熱含量高於反應物，為吸熱反應；(D)狀態與熱含量大小相關，則反應熱大小與物質狀態相關；(E)$\Delta H < 0$ 表示放熱反應，熱量由系統內流向外界，而熱量是由高溫處流向低溫處，則系統本身溫度上升，才能使熱量向外界傳送。故本題應選(A)(B)(E)。

大為老師小撇步

許多同學對於反應熱計算很頭痛，特別在於兩個地方：一個是「生成熱」的反應式寫法、一個是赫士定律計算。

在此先說明生成熱的反應式寫法。所謂「生成熱」的一般說法，就是要生成一種物質所需要的熱量，尤其是化合物。化合物由元素組成，所以，生成熱反應式的寫法很簡單，就直接把化合物拆成其組成元素最常見的狀態來反應就OK啦。舉個例子：如 H_2O 的生成熱反應式可以寫成「$H_{2(g)} + 1/2 O_{2(g)} \rightarrow H_2O_{(l)}$，$\Delta H = -68$ kcal」，反應熱大小通常題目會給你，而要注意題目條件是否為「莫耳生成熱」，因為會

影響到係數大小，如上面範例，反應熱為莫耳生成熱，所以在平衡係數時，就不能把 H_2O 的前面加個 2。

而赫士定律計算，就是把反應機構加總，這常會讓同學看到頭昏眼花。陳大為老師要告訴同學的小撇步是：在解題時，你要以「結果式」當基準，先找出在反應機構中只出現一次的物質，然後檢查位置是否對邊或需要乘以幾倍，如果對邊就直接加總、如果要乘就直接乘，如果不對邊（如：在結果式是反應物，但在反應機構卻是生成物），在加總時就用減的。這個方法對於高中題目均可輕鬆解題。

|範例說明|

在 25℃、1atm 下，已知下列各熱化學反應式：$H_2O_{(l)} \rightarrow H_2O_{(g)}$，$\Delta H = +44kJ$；$2H_{2(g)} + O_{2(g)} \rightarrow 2H_2O_{(l)}$，$\Delta H = -572kJ$；$C_{(s)} + 2H_{2(g)} \rightarrow CH_{4(g)}$，$\Delta H = -75kJ$；$C_{(s)} + O_{2(g)} \rightarrow CO_{2(g)}$，$\Delta H = -394 kJ$。則在該溫度與壓力下，將 8 克 $CH_{4(g)}$ 完全燃燒生成二氧化碳與水蒸氣，會放出多少千焦的熱量？

|解題|

結果式：$CH_{4(g)} + 2O_{2(g)} \rightarrow CO_{2(g)} + 2H_2O_{(g)}$

反應機構：

$H_2O_{(l)} \rightarrow H_2O_{(g)}$，$\Delta H = +44kJ$（1 式）

$2H_{2(g)} + O_{2(g)} \rightarrow 2H_2O_{(l)}$，$\Delta H = -572kJ$（2 式）

$C_{(s)} + 2H_{2(g)} \rightarrow CH_{4(g)}$，$\Delta H = -75kJ$（3 式）

$C_{(s)} + O_{2(g)} \rightarrow CO_{2(g)}$，$\Delta H = -394kJ$（4 式）

先檢查結果式「CH_4」發現是在反應機構的（3 式），但卻不對邊，在係數一樣的情況下，直接列式：－（3 式）。

O_2 有很多項先跳過。

CO_2 在（4 式）對邊係數也相同，所以直接加成就好，所以列式：－（3 式）＋（4 式）。

最後是 H_2O，發現在（1 式）與（2 式）都有，原來是狀態的問題。由於結果式的 H_2O 係數是 2，所以將（1 式）×2 再加總，結果就出現了：－（3 式）＋（4 式）＋（2 式）＋2×（1 式）計算反應熱即為所求！

也許你會問中間一些如 C 或 O_2 有的沒的要不要注意？我勸同學不需要太理會，因為在高中課程的題目設計，他們會自然而然就「不見啦」！

題型七　反應類型

題型七　反應類型

有甲、乙、丙三瓶不同的液體，要知道各瓶中的液體為何種藥劑，而從事下列實驗： （96 學測）

(1)各取一部分液體，分別倒入試管然後加等量的水稀釋，並各滴加氯化鋇溶液時，只有甲液的試管生成白色沉澱。

(2)將硝酸銀溶液加入乙及丙的試管，結果兩支試管都產生沉澱，但再加入過量的氨水時，只有丙試管的白色沉澱會溶解。

(A) 甲為 H_2SO_4、乙為 HI、丙為 HCl

(B) 甲為 HI、乙為 H_2SO_4、丙為 HCl

(C) 甲為 H_2SO_4、乙為 HCl、丙為 HI

(D) 甲為 HCl、乙為 H_2SO_4、丙為 CH_3COOH

【答案】A

【解析】1. 由答案之化學式判斷：

(1)H^+陽離子（H^+與所有陰離子皆可溶液體）。

(2)SO_4^{2-}、Cl^-、I^-、CH_3COO^-等陰離子（CH_3COO^-與所有陽離子皆可溶）

2. 由題意中所示加入：氯化鋇（$BaCl_2$）、硝酸銀（$AgNO_3$）

3. 沉澱判定：陽離子 Ba^{2+}、Ag^+與陰離子 SO_4^{2-}、Cl^-、I^-沉澱判斷。

(1)Cl^-、Br^-、I^-與 Hg_2^{2+}（亞汞離子）、Cu^+（亞銅）、Pb^{2+}、Ag^+、Tl^+（亞鉈）產生沉澱，其餘陽離子皆可溶。

(2)SO_4^{2-}與 Sr^{2+}、Ba^{2+}、Ra^{2+}、Pb^{2+}有沉澱，其餘陽離子皆可溶。

4. $AgCl_{(s)}$白色沉澱，可溶於「過量氨水」形成錯氨銀離子水溶液

$AgCl_{(s)} + 2NH_{3(aq)} \rightarrow [Ag(NH_3)_2]^+_{(aq)} + Cl^-$

白色 $AgCl(s)$沉澱再溶解

$AgI_{(s)}$ 黃色沉澱，無法溶於「過量氨水」（鹵化銀原子序上升，對氨水溶解度下降）

5. 由顏色判斷沉澱物：

(1)白色沉澱：$BaSO_{4(s)}$（甲管）沉澱、$AgCl_{(s)}$（丙管）沉澱

(2)黃色沉澱：$AgI_{(s)}$ 沉澱

解題切入觀點

沉澱反應是讓大多數同學頭痛的課程，由於需背誦的內容相當繁雜，沒有下工夫做背誦練習的話很難在此得高分。有些利於記憶的口訣（可參考第 44 頁），建議多多利用，對於解題相當有幫助。

大為老師小撇步

反應類型我們可以用男女之間的關係來形容，感覺還很貼切呢：

1. 化合：就是結婚。

2. 分解：就是離婚。

3. 置換（或取代）：第三者介入。

4. 氧化：到處遊戲人間的「國際牌」。（這……）

5. 複分解：大家交換……（抱歉抱歉！）

一、簡易沉澱表（可對應上述題型範例）

	氯化鋇	硝酸銀	過量氨水	
SO_4^{2-}	$BaSO_{4(s)} \downarrow$ （白）	—	—	與 Sr^{2+}、Ba^{2+}、Ra^{2+}、Pb^{2+} 產生沉澱，其餘陽離子皆可溶
I^-	—	$AgI_{(s)} \downarrow$ （黃）	$AgI_{(s)} \downarrow$ （黃）	與 Hg^{2+}、Cu^+、Pb^{2+}、Ag^+、Tl^+ 產生沉澱，其餘陽離子皆可溶
Cl^-	—	$AgCl_{(s)} \downarrow$ （黃）	再溶解 $[Ag(NH_3)_2]^+_{(aq)}$	與 Hg_2^{2+}、Cu^+、Pb^{2+}、Ag^+、Tl^+ 產生沉澱，其餘陽離子皆可溶

二、常見的反應類型

1. 化合（combination reaction）：$A + B \to AB$，AB 必為化合物。
2. 分解（decomposition reaction）：$AB \to A + B$，若可進行逆反應，即屬於「化合」。
3. 燃燒（combustion reaction）：可視情況歸類。
4. 置換（single replacement reaction）：$AB + C \to AC + B$
5. 複分解（double replacement reaction）：$AB + CD \to AD + CB$

三、化學反應伴隨的現象

1. 顏色改變。如酚? 變色。
2. 氣體產生。如酸與活潑金屬反應。
3. 沉澱產生。如鉻酸鉀溶液與氯化鋇溶液反應。
4. 能量變化。如水合氫氧化鋇與氯化銨固體混合。

類題 1

下列哪些選項中的兩杯水溶液（溶液的量均為 1 mL），在室溫下一經混合，就會有肉眼能看得到的變化？（應選 3 項）

(A) 沾有濃鹽酸與沾有濃氨水的兩個棉花互相靠近

(B) 0.1 M 鹽酸與 0.1 M 氫氧化鈉溶液

(C) 0.1 M 鹽酸與 0.1 M 硝酸銀溶液

(D) 0.1 M 鹽酸與紅色的 0.001%石蕊溶液

(E) 0.1 M 鹽酸與 0.001%粉紅色酚酞溶液（內含有 2 滴 0.1 M 氫氧化鈉溶液）

（100 學測）

【答案】ACE

【解析】(A) $HCl_{(g)}$（無色）$+ NH_{3(g)}$（無色）$\rightarrow NH_4Cl_{(s)}$（白色煙霧）。

(B) $HCl_{(aq)} + NaOH_{(aq)} \rightarrow NaCl_{(aq)} + H_2O_{(l)}$

$HCl_{(aq)}$、$NaOH_{(aq)}$、$NaCl_{(aq)}$、$H_2O_{(l)}$皆無色，則無法以觀察法判別明顯變化。

(C) $HCl_{(aq)} + AgNO_{3(aq)} \rightarrow AgNO_{3(s)} + HNO_{3(aq)}$

$HCl_{(aq)}$、$AgNO_{3(aq)}$皆為無色，而 $AgNO_{3(s)}$為白色沉澱物。

(D) 石蕊試紙在酸性溶液中呈紅色，故在鹽酸溶液中無法以肉眼觀察任何變化。

(E) 酚酞在酸性中呈無色，則含鹼在酚酞溶液呈粉紅色與鹽酸反應後會褪成無色。

故本題應選(A)(C)(E)。

附表是硝酸銀、硝酸鉛、硝酸鋇、硝酸鎳等四種溶液分別與氯化鈉、硫酸鈉、硫化鈉等三種溶液作用的結果（所有溶液的濃度都是 0.01 M）。試根據上文，回答下列(1)、(2)題：

(1)硝酸鉛與氯化鈉作用產生白色沉澱，其正確的化學式為下列哪一項？

　　(A) $NaNO_3$　　　(B) Na_2NO_3　　　(C) $PbCl$　　　(D) $PbCl_2$　　　(E) $Pb(OH)_2$

(2)有一溶液含 Ag^+、Pb^{2+}、Ni^{2+} 三種離子各 0.01 M，若使用均為 0.01 M 的 $NaCl$、Na_2SO_4、Na_2S 溶液作為試劑，使 Ag^+、Pb^{2+}、Ni^{2+} 分離，則滴加試劑的順序應為下列哪一項？

　　(A) $NaCl$、Na_2SO_4、Na_2S

　　(B) Na_2SO_4、$NaCl$、Na_2S

　　(C) $NaCl$、Na_2S、Na_2SO_4

　　(D) Na_2SO_4、Na_2S、$NaCl$

　　(E) Na_2S、$NaCl$、Na_2SO_4　　　　　　　　　　　　　（95 學測）

	$AgNO_3$	$Pb(NO_3)_2$	$Ba(NO_3)_2$	$Ni(NO_3)_2$
$NaCl$	白色沉澱	白色沉澱	－	－
Na_2SO_4	－	白色沉澱	白色沉澱	－
Na_2S	黑色沉澱	黑色沉澱	－	黑色沉澱

【答案】(1) D；(2) B

【解析】(1) $Pb(NO_3)_2 + 2\,NaCl \rightarrow PbCl_2$（沉澱）$+ 2\,NaNO_3$

　　　　(2)酸鹼中和生成鹽類和水(H_2O)

沉澱表是同學在背誦上最頭痛的地方，所以背誦口訣是百家爭鳴。在此願意與大家分享陳大為的幾個口訣，希望對同學有幫助。

1. 全部為可溶之離子：IA^+　NH_4^+　NO_3^-　CH_3COO^-

　口訣 成績單得「1」個「A」就大喊「安」啦，這種驕傲的心態應該要「消除」！

2. Cl^-　Br^-　I^- 與下列離子均可產生沉澱：亞汞 Hg_2^{2+}　亞銅 Cu^+　鉛 Pb^{2+}　銀 Ag^+　鉈 Tl^+

　口訣 「呂秀蓮」要選總統，希望大家「共同牽引她」！

3. 硫酸根與下列離子均可產生沉澱：Ca^{2+}　Sr^{2+}　Ba^{2+}　Pb^{2+}

　口訣 「劉桑」說：「該死被搶」了！

4. 兩性金屬 Sn　Be　Cr　Al　Pb　Zn　Ga

　口訣 嬉皮哥屢遷新家

5. 可溶於氨水之氫氧化物 Cr　Cd　Ag　Co　Ni　Cu　Zn

　口訣 安哥哥贏姑娘痛心（應該大為哥哥贏的！）

題型八　濃度與溶解度

題型八　濃度與溶解度

解題觀念思考

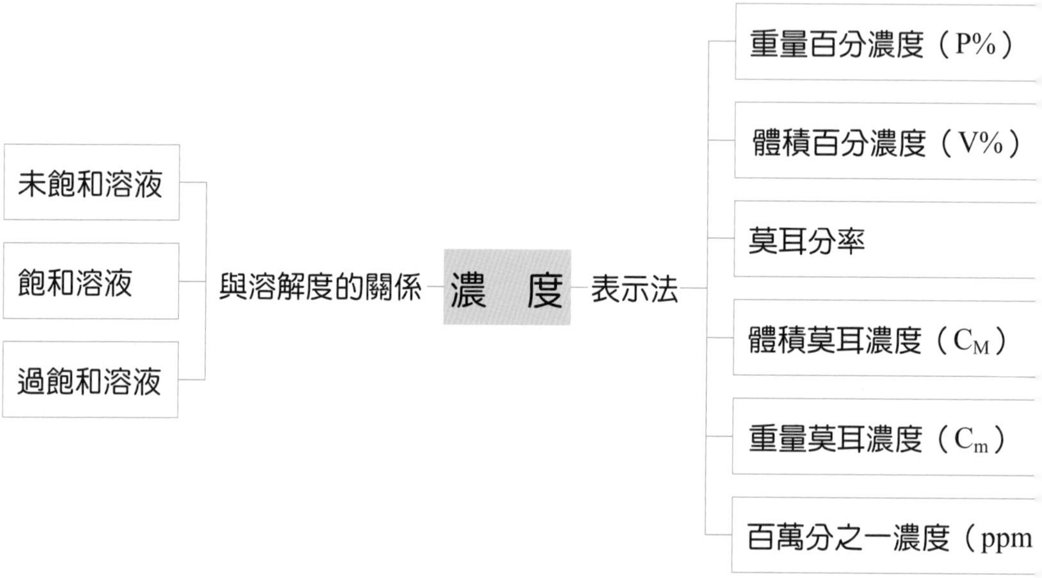
未飽和溶液
飽和溶液
過飽和溶液
與溶解度的關係
濃　度
表示法
重量百分濃度（P%）
體積百分濃度（V%）
莫耳分率
體積莫耳濃度（C_M）
重量莫耳濃度（C_m）
百萬分之一濃度（ppm

某先進自來水廠提供 2 ppm（百萬分濃度）臭氧（O_3）殺菌的飲用水，若以純水將其稀釋至原有體積之二倍，換算成體積莫耳濃度約為多少 M？

(A) 1×10^{-4}

(B) 2×10^{-4}

(C) 5×10^{-5}

(D) 2×10^{-5}

(E) 1×10^{-5}

（97 學測）

【答案】D

【解析】2 ppm＝2 mg（O_3/L），因此稀釋後為 $\dfrac{\dfrac{2 \times 10^{-3}}{48}}{2} = 2.1 \times 10^{-5}$（M）

解題切入觀點

濃度換算是相當常見的題目，各濃度計算的公式一定要熟悉，直接列出公式帶入各條件即可解出，惟需注意計算的正確性。

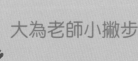

大為老師小撇步

　　計算 ppm 時，溶質的單位先換算成 mg，溶液或溶劑的單位直接換算成 L 或 kg，這樣子算會比較快也比較不會出錯喔！

　　因為溶質為微量，所以分母部分使用溶劑或溶液的量都可以視為相同喔。

一、濃度表示法

名稱／單位	定　義	公　式
重量百分率濃度（％）	一百克溶液中所含溶質的克數	$P\% = \dfrac{W_{溶質}}{W_{溶液}} \times 100\%$
體積百分率濃度（％）	一百毫升溶液中所含溶質的毫升數	$V\% = \dfrac{V_{溶質}}{V_{溶液}} \times 100\%$
體積莫耳濃度（M 或 mol/L）	一升溶液中所含溶質的莫耳數	$C_M = \dfrac{n_{溶質（mol）}}{V_{溶液（L）}}$
重量莫耳濃度（m 或 mol/kg）	一千克溶劑中所含溶質莫耳數	$C_m = \dfrac{n_{溶質（mol）}}{W_{溶液（kg）}}$
莫耳分率（無單位）	溶質莫耳數占溶液總莫耳數的比例	$X = \dfrac{n_{溶質}}{n_{溶質} + n_{溶劑}}$
ppm（百萬分之一）（ppm 或 mg/L）	百萬克溶液中所含溶質的克數	$1\ ppm = \dfrac{1g}{10^6 g} \approx \dfrac{1\ mg_{（溶質）}}{L_{（溶液）}}$ 假設稀薄水溶液的密度為 1.0 g/L
ppb（十億分之一）（ppb）	每 10^9 克溶液中所含溶質的克數	$ppb = \dfrac{溶質重}{溶液重} \times 10^9$ $1\ ppb = \dfrac{1\ g}{10^9\ g}$

二、溶解度

1. 飽和溶液（staurated solution）：
   (1)定義：定溫時，定量溶劑中溶質已達到最大的溶解量，此時溶解速率和沉澱速率相等，為一種動態平衡，稱為溶解平衡。<u>此時的濃度稱為溶解度。</u>
   (2)特性：在飽和溶液中再加入溶質時，溶液中溶質的濃度不會再增加。
2. 未飽和溶液（unstaurated solution）：
   (1)定義：濃度比飽和溶液小的溶液，即溶劑中所能溶解的溶質未達

最大量。

　　(2)特性：若再加入溶質還可繼續溶解直到溶液達飽和為止。

3. 過飽和溶液（superstaurated solution）：

　　(1)定義：濃度比飽和溶液大的溶液，即溶劑中所能溶解的溶質超過
　　　　最大量。

　　(2)特性：過飽和溶液為一種不穩定狀態，若在過飽和溶液中加入一
　　　　些微小的晶體當作晶種，則過飽和溶液即析出結晶，而變為飽和
　　　　溶液。

類 題 1

30 ℃時，使 1 克的食鹽溶於 1 升的水中，然後將此溶液冷卻至 4 ℃，則
冷卻前後下列哪一種濃度有改變？

(A) 體積莫耳濃度

(B) 重量莫耳濃度

(C) 莫耳分率

(D) 重量百分率濃度 　　　　　　　　　　　　　　　　（92 學測）

【答案】A

【解析】有關於體積之濃度表示法（如 C_M、V%），皆隨著溫度變化而產
　　　　生變化。

某鹽在 100 克水中的溶解度如附圖所示，下列敘述何者正確？

(A) 此鹽的溶解度隨著溫度的升高而增大

(B) 使用降溫法可將此鹽從飽和的水溶液中析出

(C) 在 50 ℃ 與 60 ℃ 之間，此鹽在水中的溶解度大致相等

(D) 於 10 ℃ 時，放此鹽 30 克於 100 克水中，充分攪拌後則其溶解度為 18 克

（94 學測）

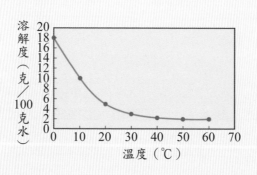

【答案】C

【解析】(A)由上圖得知，溫度上升，溶解度下降；(B)溫度愈高則溶解度愈小，故欲析出應使用增溫法；(C)由圖得知 50 ℃ 與 60 ℃ 之間，溶解曲線幾乎呈水平狀態，故溶解度大致相同；(D)由圖得知 10 ℃ 時溶解度約為 10 克／ 100 克水

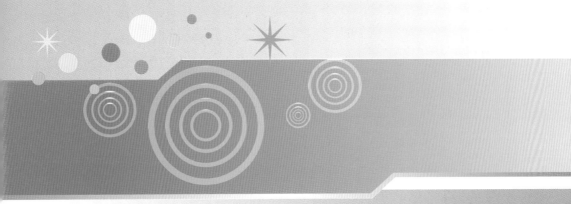

題型九　電解質

題型九　電解質

化合物

電解質 ← 可　溶於水是否可導電　不可 → 非電解質

酸	可解離出 H^+
鹼	可解離出 OH^-
鹽	金屬$^+$ 或 NH_4^+　VS　非金屬$^-$ 或 酸根$^-$

tw.myblog.yahoo.com/wwb666

濃度均為 0.1 M 的下列水溶液，何者的導電度最大？ （94 指考）

(A) H_3PO_4　(B) NaH_2PO_4　(C) Na_2HPO_4　(D) Na_3PO_4　(E) Na_2HPO_3。

【答案】D

【解析】溶液中離子的總濃度愈高，導電度則愈大。磷酸 H_3PO_4 的解離第一
　　　　個氫解離度不大，其第二個與第三個 H^+ 的解離度則更小，但鈉鹽
　　　　在水中則幾乎完全解離，故選(D)，因其 Na^+ 濃度最大

解題切入觀點

在解開所有題目時，基本定義是我們最主要的依據，只可惜許多同學都本末
倒置，只會解難題卻不知基本定義所以然，其中「電解質」就是一個最好的
例子。電解質定義：溶於水可以解離導電的化合物。

大為老師請你動動腦

金屬鈉是否為電解質？（溶於水可導電）

CO_2是否為電解質？

$CaCO_3$是否為電解質？（難溶性鹽）

1. 電解質定義：本身不導電，但水溶液能夠導電的化合物。

2. 阿瑞尼士解離說內容：

   (1) 電解質溶於水就分解成帶電的粒子，這些粒子叫離子。帶正電的離子稱為正離子；帶負電的離子稱為負離子。這種分解成離子的步驟，稱為解離。

   (2) 電解質溶液中正離子所帶的總電量與負離子所帶的總電量恰好相等，所以溶液一定是電中性。但正、負離子數目不一定相等。

   例：$NaCl \rightarrow Na^+ + Cl^-$，正負電量相等且離子數也相等。

   $CaCl_2 \rightarrow Ca^{2+} + 2Cl^-$，正負電量相等但離子數不相等。

   (3) 離子在水溶液中可以自由地移動，當通以直流電時，正離子移向負極，負離子移向正極，構成電流。

3. 酸鹼學說：酸性物質在水中可解離出氫離子、鹼性物質則解離出氫氧根離子。

水果中所含的果汁，也富含電解質喔！

甲、乙、丙、丁、戊 5 種不同化合物的沸點及其 1.0 M 水溶液的導電電流數據如下表。測量導電電流的實驗裝置如圖所示，實驗時取用的化合物水溶液均為 1.0 M 及 100 毫升，分別置於燒杯中，然後記錄安培計的導電電流讀數。試根據上文，回答下列題目。

化合物	沸點($°C$)	1.0 M 水溶液的導電電流（安培）
甲	400（分解）*	1.10×10^{-1}
乙	140	9.93×10^{-4}
丙	64.8	1.07×10^{-4}
丁	56.5	4.95×10^{-3}
戊	-84.8	2.59×10^{-1}

*分解表示該化合物到 $400°C$ 時，就分解了，因此沒有所謂的沸點。

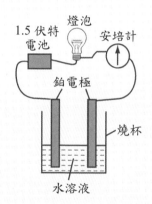

(1)由表中的數據推測，最可能為離子化合物的是下列哪一種物質？

　(A)甲　　　(B)乙　　　(C)丙　　　(D)丁　　　(E)戊。

(2)由表中的數據推測，最可能為分子化合物又是強電解質的是下列哪一種物質？

　(A)甲　　　(B)乙　　　(C)丙　　　(D)丁　　　(E)戊。　　（95 學測）

【答案】(1) A ; (2) E

【解析】離子化合物為沸點高又可導電者，分子化合物沸點較低。

無殼蛋製作

學測化學必考的22個題型

大為老師請你動動腦

無殼蛋製作原理：

蛋殼主要成分為$CaCO_3$，與酸反應會溶解並產生CO_2，實驗中使用的醋屬於酸類，放入雞蛋之後，會產生小氣泡（CO_2）且蛋殼會消失。

1.醋泡過的蛋，還可以吃嗎？（這是詢問度很高的問題！）

2.若以硫酸來做此實驗，結果會不會有所不同？

題型十　酸鹼度（pH 值）與中和

題型十　酸鹼度（pH 值）與中和

解題觀念思考

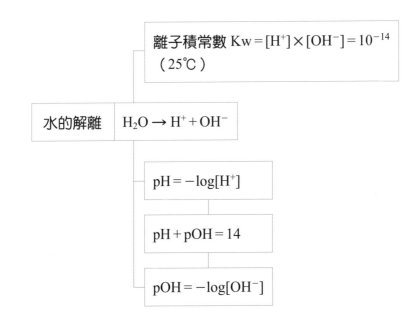

離子積常數 $Kw = [H^+] \times [OH^-] = 10^{-14}$
（25℃）

水的解離　$H_2O \rightarrow H^+ + OH^-$

$pH = -\log[H^+]$

$pH + pOH = 14$

$pOH = -\log[OH^-]$

下列四種酸溶液中，何者與同體積的 0.1 M 氫氧化鈉水溶液混合後，所得的溶液具有最大的 pH 值？

(A) 0.1 M 的 H_2SO_4

(B) 0.1 M 的 HCl

(C) 0.1 M 的 HNO_3

(D) 0.1 M 的 CH_3COOH

【答案】D

【解析】氫氧根離子莫耳數 $n_{OH^-} = 0.1 \times V = 0.1\,V$　而氫離子莫耳數 n_{H^+}：

　　　　(A) $0.1 \times V \times 2 = 0.2\,V$　∴H^+ 剩下為酸性；

　　　　(B)(C) $0.1 \times V \times 1 = 0.1\,V$　生成 NaCl 及 $NaNO_3$ 為中性；

　　　　(D) $0.1 \times V \times 1 = 0.1\,V$　生成 CH_3COONa 為鹼性。

解題切入觀點

瞭解 pH 值定義，並注意解離式，如 1 個鹽酸分子可解離出 1 個 H^+、1 個硫酸分子可解離出 2 個 H^+、1 個磷酸分子可解離出 3 個 H^+ 等。

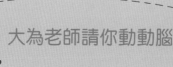

大為老師請你動動腦

$25°C$、1 atm 下，鹽酸濃度為 $10^{-8}\,M$，則 pH 值 >7 嗎？鹽酸水溶液是鹼性？

重點提醒

一、pH 值

1. 氫離子在水中與水分子結合，常以 H_3O^+ 表示，簡寫成 H^+。

2. 因 $H_2O \rightarrow H^+ + OH^-$，故：

   (1)當 $[H^+] = [OH^-]$ 時⇒水溶液呈中性。

   (2)當 $[H^+] > [OH^-]$ 時⇒水溶液呈酸性。

   (3)當 $[H^+] < [OH^-]$ 時⇒水溶液呈鹼性。

3. 25℃，$[H^+] \times [OH^-] = 10^{-14} M^2$。

4. 水溶液的酸鹼性常以 pH 值表示。

   $pH = -\log [H^+]$，故 $[H^+] = 10^{-pH} M$。

5. 另 pOH 值為表示鹼性溶液中氫氧根離子濃度。

   $pOH = -\log [OH^-]$，故 $[OH^-] = 10^{-pOH} M$。

   25℃，$pH + pOH = 14$

二、中和

1. 電解質的強弱：

   (1)強電解質：在水中解離度大的物質。

   (2)弱電解質：在水中解離度小的物質。

2. 淨離子方程式：$H^+ + OH^- \rightarrow H_2O$

3. 強酸與強鹼中和之「中和熱」恆為定值 $= 56$ kJ/mol.，但非強酸強鹼之反應中和熱非定值。

三、指示劑

1. 常見酸鹼指示劑

指示劑	低於變色範圍的顏色	變色範圍	高於變色範圍的顏色
甲基紫	黃	0.0-1.6	紫
瑞香草酚藍	紅 黃	1.2-2.8 8.2-9.7	黃 紫
甲基橙	紅	3.2-4.4	黃

指示劑	低於變色範圍的顏色	變色範圍	高於變色範圍的顏色
甲基紅	紅	4.8-6.0	黃
石蕊	紅	4.5-8.3	藍
溴瑞香草酚藍	黃	6.0-7.6	藍
酚紅	黃	6.8-8.4	紅
酚酞	無	8.2-10.0	粉紅
瑞香草酚酞	無	9.3-10.5	藍

2. 其他指示劑

(1)廣用指示劑：酸－鹼：紅－紫

(2)紫色高麗菜：酸－鹼：紅－紫－藍－綠－黃

類題 1

三支試管分別裝有稀鹽酸、氫氧化鈉溶液及氯化鈉水溶液，已知各溶液的濃度均為 0.1 M，但標籤已脫落無法辨認。今將三支試管分別標示為甲、乙、丙後，從事實驗以找出各試管是何種溶液。實驗結果如下：

(1)各以紅色石蕊試紙檢驗時只有甲試管變藍色。

(2)加入藍色溴瑞香草酚藍（BTB）於丙試管時，變黃色。

(3)試管甲與試管丙的水溶液等量混和後，上述兩種指示劑都不變色，加熱蒸發水份後得白色晶體。

試問甲試管、乙試管、丙試管所含的物質依序為下列哪一項？

(A) 鹽酸、氯化鈉、氫氧化鈉

(B) 氫氧化鈉、氯化鈉、鹽酸

(C) 氯化鈉、鹽酸、氫氧化鈉

(D) 鹽酸、氫氧化鈉、氯化鈉

（96 學測）

【答案】B

【解析】(1)甲為鹼性物質，根據題目應為氫氧化鈉；

　　　　(2)丙為酸性物質，根據題目應為鹽酸。

氫氧化鋁在不同 pH 值水溶液中的溶解度列於附表。

(1)下列有關氫氧化鋁溶解度的敘述，哪一項正確？

　(A) 水溶液的 pH 值為 6 時，氫氧化鋁溶解度最大

　(B) 酸性的水溶液中，若 H^+離子濃度愈大，則氫氧化鋁溶解度愈小

　(C) 鹼性的水溶液中，若 OH^-離子濃度愈大，則氫氧化鋁溶解度愈小

　(D) 在一公升 0.0001 M 鹽酸溶液比在一公升純水中溶解度大

(2)若要將附表在有限的空間作圖以便看出溶解度隨 pH 的變化，則縱座標

　應使用下列哪一項（最方便）？

　(A) 溶解度×1000

　(B) 溶解度÷1000

　(C) 溶解度＋1000

　(D) 溶解度－1000

　(E) log（溶解度）　　　　　　　　　　　　　　　　　　　（97 學測）

pH	溶解度（mol／L）
4.0	2.0×10^{-2}
5.0	2.0×10^{-5}
6.0	4.2×10^{-7}
7.0	4.0×10^{-6}
8.0	4.0×10^{-5}
9.0	4.0×10^{-4}
10.0	4.0×10^{-3}
11.0	4.0×10^{-2}
12.0	4.0×10^{-1}

【答案】(1) D ；(2) E

【解析】(1)(A)根據圖表所示氫氧化鋁溶解度最大時的 pH 值為 12 ；(B)若 H^+
離子濃度愈大，氫氧化鋁溶解度則愈大；(C)若 OH^- 離子濃度愈
大，氫氧化鋁溶解度則愈大。

市售指示劑

大為老師說故事

玫瑰花的顏色，擄獲美女的心

師母是有名的大美女，具有泰雅族血統的她，五官分明且皮膚白
皙的美麗外表，不知讓多少男生拜倒在她的石榴裙下，然而，長相很
抱歉的大為老師如何擄獲美人芳心呢？

那時候，大為老師只是眾多追求者之一，而且，在眾多追求者之
中，大為老師並不起眼。那年的師母生日，很多男生向師母提出邀約
要幫她慶生，當然，大為老師也不例外。「該如何做才會讓她對我印
象深刻、進而對我青睞？」老師思索著。

在提出邀約的那天，大為老師特別到花市買了 100 朵玫瑰，回到
家後，他把 50 朵玫瑰插進泡有食醋的溶液裡、另外 50 朵則泡進肥皂
水裡，不一下子，泡進食醋的那 50 朵玫瑰變得更鮮紅欲滴，而另外
50 朵，居然變成偏綠色……綠色玫瑰，大家見過嗎？老師將紅色玫

瑰包在外圍，綠色玫瑰放在中間，製成一個心形花束。當大為老師將愛的邀約拿到師母面前時，只見師母的眼睛張的好大，「啊！好美的玫瑰花！謝謝你……」看到師母的表情，大為老師知道，這位美女將會一輩子與自己長相廝守了。

師母生日的那天晚上，大為老師與美麗的師母之間的感情終於開始滋長。「你哪裡找來綠色玫瑰呀？好特別喔。」師母躺在大為老師的臂彎，嬌腆的問。

「喔……那玫瑰是，我為了你、為了讓你開心，努力花了將近半年才研究出來的新品種……！」大為老師溫柔的，輕吻了師母的額頭。師母將大為老師抱的更緊了……

「花了半年才研究出的新品種？！」師母拿著兒子的化學課本，指著裡面「玫瑰花汁液指示劑」的內容，大聲質問大為老師：「原來只是把玫瑰花插到肥皂水裡！」

「那……，都老夫老妻了，你想怎麼樣？」大為老師吐吐舌頭，尷尬而奸詐地笑了笑……反正，生米都早已煮成熟飯了。

tw.myblog.yahoo.com/wwb

題型十一　氧化還原與電池

題型十一　氧化還原與電池

範例

下列的反應中,哪幾項是氧化還原反應? (97 學測)

(A) $CaO_{(s)} + H_2O_{(\ell)} \rightarrow Ca(OH)_{2(s)}$

(B) $2\ PbS_{(s)} + O_{2(g)} \rightarrow 2\ PbO_{(s)} + 2\ S_{(s)}$

(C) $CaCO_{3(s)} + 2\ HCl_{(aq)} \rightarrow CaCl_{2(aq)} + H_2O_{(\ell)} + CO_{2(g)}$

(D) $Cl_{2(g)} + H_2O_{(\ell)} \rightarrow HOCl_{(aq)} + HCl_{(aq)}$

(E) $SiO_{2(s)} + 4\ HF_{(aq)} \rightarrow SiF_{4(g)} + 2\ H_2O_{(\ell)}$

(F) $KCl_{(aq)} + AgNO_{3(aq)} \rightarrow AgCl_{(s)} + KNO_{3(aq)}$

【答案】BD

【解析】尋找氧化數有變化者:

(A) $\underset{+2\ -2}{Ca\ O} + \underset{+1\ -2}{H_2\ O} \rightarrow \underset{+2\ -2+1}{Ca\ (O\ H)_2}$

(B) $2\ \underset{+2-2}{Pb\ S} + \underset{0}{O_2} \rightarrow 2\ \underset{+2\ -2}{Pb\ O} + 2\ \underset{0}{S}$

(C) $\underset{+2}{Ca}\ \ \underset{+4\ -2}{C\ O_3} + 2\ \underset{+1\ -1}{H\ Cl} \rightarrow \underset{+2\ -1}{Ca\ Cl_2} + \underset{+1\ -2}{H_2\ O} + \underset{+4\ -2}{C\ O_2}$

(D) $\underset{0}{Cl_2} + \underset{+1\ -2}{H_2\ O} \rightarrow \underset{+1\ -2+1}{H\ O\ Cl} + \underset{+1\ -1}{H\ Cl}$

(E) $\underset{+4\ -2}{Si\ O_2} + 4\ \underset{+1-1}{H\ F} \rightarrow \underset{+4\ -1}{Si\ F_4} + 2\ \underset{+1-2}{H_2O}$

(F) $\underset{+1\ -1}{K\ Cl} + \underset{+1\ +5\ -2}{Ag\ N\ O_3} \rightarrow \underset{+1\ \ -1}{Ag\ Cl} + \underset{+1+5\ -2}{K\ N\ O_3}$。

解題切入觀點

本題型單純考氧化還原反應已不多見,大多配合氧化還原電池的運用來考。單純的氧化還原題目,要判斷是否為氧化還原反應,簡單的速解法可以由反應物與生成物是否有元素與化合物的變化來判斷。

重點提醒

一、氧化還原定義

1. 狹義定義：物質和氧作用稱為氧化（oxidation）；相反的，凡氧化物失去氧稱為還原（reduction）。

2. 廣義定義：物質失去電子稱為氧化、得到電子稱為還原。

3. 氧化還原必定同時發生。

4. 物質得到電子的反應稱為還原，該物質稱為氧化劑（oxidizing agent）。物質失去電子的反應稱為氧化，該物質稱為還原劑（reducing agent）。

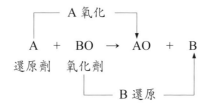

二、電化電池的基本原理

1. 利用氧化還原反應來產生電流，將化學能轉換成電能。

2. 電池的負極（又稱陽極）產生氧化反應，放出電子；電池的正極（又稱陰極）發生還原反應，得到電子。電子由負極經外電路流向正極，而電流則由正極流向負極。

    PS：正負極是以電流方向命名、陰陽極是以氧化還原反應原理命名。

3. 分類：

    (1)拋棄式電池（一次電池 primary battery）：是使用後不能充電而必須丟棄的電池，如一般乾電池、鹼性乾電池、水銀電池等。

    (2)充電式電池（二次電池 secondary battery）是使用後可經充電再使用的電池，如鉛蓄電池、鎳鎘電池、鋰電池等。

4. 鋅銅電池是丹尼耳在 1836 年所設計的電池。

    (1)基本結構：

        a. 陽極（anode）：發生氧化反應，電子流出之電極，一般由活性

大的金屬構成，亦稱為負極。反應時，溶液中的陰離子（anion）會移向陽極。

b. 陰極（cathode）：發生還原反應，電子流入之電極，一般由活性小的金屬構成，亦稱為正極。反應時，溶液中的陽離子（cation）則移向陰極。

c. 鹽橋：不與電極及電解質反應之強電解質溶液，一般多採中性鹽類，如 KNO_3、Na_2SO_4等；功用為溝通電路、避免正負兩極之兩溶液混合，並維持溶液的電中性。

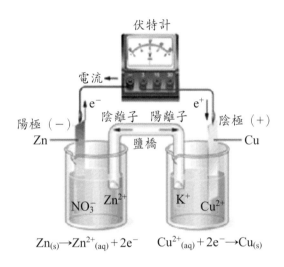

(2) 鋅銅電池的基本反應：

a. 陽（負）極：$Zn \rightarrow Zn^{2+} + 2\ e^-$，鋅的質量減少。

b. 陰（正）極：$Cu^{2+} + 2\ e^- \rightarrow Cu$，銅的質量增加。鋅與銅兩者反應莫耳數相等、但質量不等。

c. 陽極半電池溶液中的$[Zn^{2+}]$增加，顏色不變；陰極半電池溶液中的$[Cu^{2+}]$減少，顏色變淡。

d. 鹽橋中的 K^+移向銅極，NO_3^-則移向鋅極。

乾電池是市面上最為常見之電池，附圖為其簡單之剖面構造。下列有關乾電池的敘述何者正確？

(A) 鋅殼為負極

(B) MnO_2為催化劑

(C) 石墨棒為還原劑

(D) 石墨棒為氧化劑 （92 學測）

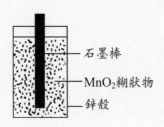

石墨棒

MnO_2糊狀物

鋅殼

【答案】A

【解析】(B) MnO_2（二氧化錳）為氧化劑；(C)(D)石墨棒為惰性電極，只當導體，不反應。

下列有關化學電池的敘述，哪些正確？（應選 3 項）

(A) 化學電池是利用氧化還原反應來產生電流的裝置

(B) 鎳鎘電池是一種可充電的電池

(C) 在鋅銅電池中，以銅棒為電極的一極是負極

(D) 兩個乾電池並聯使用，可得幾近兩倍的較高電壓

(E) 鉛蓄電池中的鉛極，不管在放電或充電，都扮演負極的角色

（100 學測）

【答案】ABE

【解析】(A)化學電池是行氧化還原的化學能轉變成電能的裝置；(B)鎳鎘電池屬於二次電池，可以多次充電；(C)鋅銅電池結構中，銅金屬的

活性小於鋅金屬，作為接受電子的正極；(D)乾電池並聯時，電壓與單一乾電池相同，串聯才會有雙倍電壓值；(E)鉛蓄電池充、放電時鉛（Pb）為負極。放電時鉛當陽極（負極），充電時鉛當陰極（正極）。故選(A)(B)(E)。

大為老師說故事

好吃的電池

【本實驗人體相關部分具有危險性與毒性，請審慎行之！】

炎炎夏日午後，大為老師上課口沫橫飛且揮汗如雨，同學們則昏昏欲睡，提不起勁。儘管老師努力提高聲調並以幽默的口語來吸引同學的注意力，但眼見同學們個個無精打采，心裡多少也有點著急。

這個時候，大為老師瞥見許多同學桌上都放置了許多水果，有香蕉、水梨、柳丁，還有小番茄等，於是靈機一動，「怎麼，你們中午營養午餐有這麼多種水果？都沒吃喔？」

「老師，你都不知道喔，營養午餐的水果只有小番茄啦，而且很難吃，」姿妤嘟著嘴說，「其他的水果都是他們買外面的便當送的，不過也一樣不怎麼好吃。」

「不好吃，那我們拿來『發電』如何？」

「發電？用水果發電？」全班同學眼睛都亮了起來，大為老師心裡很得意。

老師自講台拿出兩條不一樣的金屬薄片、導線與一個發光二極體（LED燈），將他們連接好了之後，看了一下同學，「倪鈞，請你把你桌上的香蕉借我一下好嗎？」

倪鈞快速地將香蕉遞給老師，只見老師將兩金屬薄片插入香蕉的兩端，約莫過了一兩分鐘，忽然間，LED燈竟慢慢亮了起來……

「哇！……」同學們不由得發出一陣低呼。

「有趣嗎，其他水果也可以喔。」老師笑著說。同學紛紛把不同的水果送到講台前，老師又拿出好幾組相同的裝置，組裝好就插入各

種水果中，果然，經過不久，每個水果上面的 LED 燈都先後亮了起來。

「大家是否覺得，這種電池，很好吃呢？」老師笑著問同學，繼續說道，「插入兩端的金屬薄片，是鋅片與銅片，如果同學有興趣在家裡做實驗，改用鋁箔與錢幣也可以。」

「老師，是不是兩種金屬他們活性不同，藉由水果內電解質的共同作用，產生了電壓？」冠德發問。

「你問得很好，」老師對冠德點頭讚許，「這是種氧化還原反應，藉著這種反應而產生電壓。不過，每個水果電池電壓都不會超過 1 伏特，所以我才使用 LED 燈，如果要讓家裡的小燈泡發亮，可能要多串聯幾個好吃的水果電池喔。」

「好有趣喔！」晏慈看著各種「可口」的水果電池，抬頭高聲問老師，「老師，還有甚麼東西也可以當電池？」

老師想了一下，表情滑稽地說，「我呀！」

同學們哄堂大笑，都覺得大為老師好幽默。

老師看著笑成一團的學生，做了個不置可否的表情，然後吐出舌頭，將兩片金屬電極分別放在舌頭左右邊。看著老師認真的表情，同學才意識到原來老師不是開玩笑，一下子就鴉雀無聲，屏息等待⋯⋯

「亮了亮了！」阿寬高聲說，「原來老師身體就是電池，所以額頭才這麼亮⋯⋯」

題型十二　化學鍵

題型十二　化學鍵

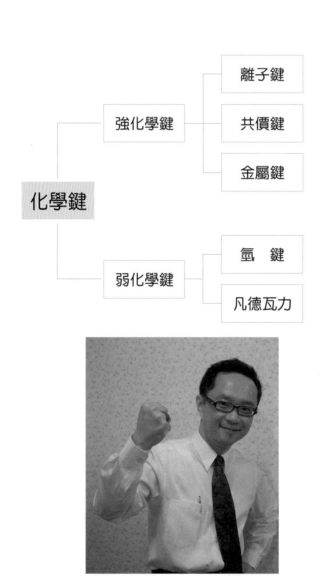

下表為生活中常見的三種不同狀態的純物質，甲烷、蒸餾水與氯化鈉（食鹽）。表中數據係以絕對溫標 K 為單位的熔點。試問哪一組的熔點合理？

（96 學測）

選項	甲烷	蒸餾水	氯化鈉
(A)	1074	1074	91
(B)	91	273	1074
(C)	273	91	1074
(D)	1074	91	273
(E)	91	1074	273

【答案】B

【解析】(1)化學鍵種類：

　　①甲烷 $CH_{4(g)}$：為低熔點的「共價分子」，在常溫、常壓下為氣態。

　　②蒸餾水 $H_2O_{(\ell)}$：為低熔點的「共價分子」，在常溫、常壓下為液態。

　　③氯化鈉 $NaCl_{(s)}$：為高熔點的「共價網狀晶體」，常溫、常壓下為固態。

　　(2)絕對溫標 $K = t\,(℃) + 273$

　　　$NaCl_{(s)}\,(801℃) > H_2O_{(\ell)}\,(0℃) > CH_{4(g)}\,(-182℃)$

　　　$\therefore NaCl_{(s)}\,(1074K) > H_2O_{(\ell)}\,(273K) > CH_{4(g)}\,(91K)$

解題切入觀點

鍵結的種類與內容要詳實研讀，特別是離子鍵與共價鍵，此為近年來必考的題型。

一、化學鍵定義：原子與原子間之作用力。

二、主要化學鍵種類

	離子鍵（庫侖力）	共價鍵	金屬鍵
條　件	$X_A \gg X_B$ （$\|X_A - X_B\| \geqq 2.0$）	$0 \leqq \|X_A - X_B\| < 2.0$	低游離能及空價軌域
結合方式	非金屬與金屬原子間發生電子轉移形成陰陽離子而藉陰陽離子之靜電吸引力而結合 如：Na^+Cl^-	非金屬原子間常以共用電子之方式使各原子達鈍氣組態（八隅體），而此共用電子可同時吸引兩原子核而結合	藉金屬陽離子與「電子海」間之靜電引力結合
特　性	1. 鍵能：150～400 kJ/mole 2. 無方向性 3. 有實驗式無分子式	1. 鍵能：150～400 kJ/mole 2. 有方向性 3. 有實驗式無分子式 如：石墨（C）、Si、金剛砂（SiC）及 SiO_2	1. 鍵能約為共價鍵或離子鍵的1/3 2. 無方向性 3. 有實驗式無分子式
存　在	1. 金屬離子與非金屬離子 2. 金屬離子或 NH_4^+ 與酸根 如：$KClO_3$、 $(NH_4)_2SO_4$ 3. 金屬離子或 NH_4^+ 與 OH^- 如：NaOH	1. 非極性共價鍵：相同原子所結合，電子均勻分佈於二原子間，其電子對均等共用。如：H_2、Cl_2 2. 極性共價鍵：相異原子結合，電子對不均等共用，而略為偏向於電負度較大的原子，使化學鍵的一端稍帶正電（δ^+），另一端稍帶負電（δ^-） 如 H—Cl $\quad\delta^+\quad\delta^-$	

類 題 1

下列有關離子固體的特性，何者正確？

(A) 固態可導電

(B) 熔點高

(C) 常溫常壓下為熱電的良導體

(D) 具延性及展性 （91 學測）

【答案】B

【解析】(A)離子固體不導電；(C)離子固體非導體；(D)離子固體不具延性
及展性

類 題 2

附表為甲、乙、丙、丁四種物質的化學鍵類型、沸點、熔點以及在一大氣
壓，25℃時的狀態：

物質	化學鍵	沸點	熔點	狀態（25 ℃）
甲	共價鍵	−253 ℃	−259 ℃	氣體
乙	金屬鍵	3000 ℃	1535 ℃	固體
丙	離子鍵	1413 ℃	800 ℃	固體
丁	共價鍵	100 ℃	0 ℃	液體

根據附表，下列有關此四種物質在一大氣壓不同溫度時的狀態，何者正
確？

(A) 甲物質在 0℃時呈液態

(B) 乙物質在 0℃時呈液態

(C) 丙物質在 500℃時呈固態

(D) 乙物質在 1000℃時呈氣態

(E) 丁物質在 1000℃時呈液態 （100 學測）

【答案】C

【解析】根據表中熔、沸點數據判斷如下：(A)甲的沸點為−253℃，則0℃時應為氣態；(B)(D)乙的熔點為1535℃，所以0℃及1000℃時，因均呈固態；(C)丙的熔點為800℃，因500℃時應為固態；(E)丁的沸點為100℃，則1000℃時應為氣態。正確的敘述為選(C)。

學測化學必考的22個題型

大為老師小撇步

　　共價分子化合物結構式的話法通常最令同學傷腦筋，其實要訣就是「八隅體原則」。所謂「八隅體原則」，就是原子最外圍的電子數如果是8個，性質就會相當穩定。所以，在畫結構式的時候，先以電子點式做出八隅體規則，然後以兩個電子點為一根鍵的原則，就可以輕鬆畫出結構式，雖然有例外，但例外大多就常考幾種化合物而已，熟記即可。

題型十三　烴　類

題型十三　烴　類

烴
- 鏈　烴
  - 飽和烴：烷
  - 不飽和烴
    - 烯
    - 炔
- 環　烴
  - 脂環烴
    - 環烷
    - 環烯
  - 芳香烴

脂肪烴

學測化學必考的22個題型

tw.myblog.yahoo.com/wwb666

範例

下列各烴（C_xH_y），何者其氫數（y）與碳數（x）的比例（$\frac{y}{x}$）最高？

(A) 丙烷　　(B) 環己烷　　(C) 2-丁烯　　(D) 環己烯　　（92 學測）

【答案】A

【解析】C_3H_8丙烷：氫碳比 8/3；C_6H_{12}環己烷：氫碳比 12/6；C_4H_8 2-丁烯：氫碳比 8/4；C_6H_{10}環己烯：氫碳比 10/6

解題切入觀點

烴類各通式應熟記。依順序烷、烯、炔通式氫數為 $2n+2$、$2n$、$2n-2$，環烷與環烯通式氫數依序為 $2n$、$2n-2$。

大為老師請你動動腦

「烴」的定義是結構中只含 C 與 H 原子的化合物，所以：

1. 它的讀音「ㄊㄧㄥ」與碳、氫的關係為何？

2. 字的結構中，與碳、氫的關係為何？

3. 汽油屬於烴類嗎？

4. 如果成份中多了其它元素如 O 或 N，還算是烴類嗎？

5. PE 是聚乙烯，屬於烴類嗎？

一、同分異構物

1. 定義：分子式相同，但結構式不同。

2. 種類：

　(1)結構異構物：連接的方式不同。

　　如：乙醇（左）與甲醚。

$$
\begin{array}{ccc}
& H & H \\
& | & | \\
H- & C- & C-O-H \\
& | & | \\
& H & H
\end{array}
\qquad
\begin{array}{ccc}
& H && H \\
& | && | \\
H- & C & -O- & C-H \\
& | && | \\
& H && H
\end{array}
$$

　(2)幾何異構物（順反異構物）：排列方式不同。烯類雙鍵上的碳原子，上下所鍵結的原子或原子團不同時。（雙鍵不能旋轉）

　　如：順 1,2 -二氯乙烯（左）、反 1,2 -二氯乙烯

$$
\begin{array}{ccc}
H && H \\
\ \ \diagdown && \diagup \\
\ \ C & = & C \\
\ \ \diagup && \diagdown \\
Cl && Cl
\end{array}
\qquad
\begin{array}{ccc}
H && Cl \\
\ \ \diagdown && \diagup \\
\ \ C & = & C \\
\ \ \diagup && \diagdown \\
Cl && H
\end{array}
$$

　　※條件：

$$
\begin{array}{ccc}
a && c \\
\ \ \diagdown && \diagup \\
\ \ C & = & C \\
\ \ \diagup && \diagdown \\
b && d
\end{array}
$$
　　需 $a \neq b$ 且 $c \neq d$，才有順反異構物。

二、烴分類：

1. 烴的定義：只含 C、H 元素者。

2. 鏈烴：C 原子開鏈連結，非封閉環狀。

　(1)飽和烴：C 原子均以單鍵連結，與碳連接的原子均為 4 個。

　(2)不飽和烴：C 原子均以非單鍵連結，與碳連接的原子均未達 4 個。

3. 環烴：C 原子彼此連結成封閉環狀構造。

　(1)芳香烴：苯及苯環為基體之烴類，如：甲苯。

　(2)脂肪烴：非芳香烴者。（屬環烴者稱為「脂環烴」）

三、烷烴 alkanes，通式 C_nH_{2n+2}

（一）定義：

1. 烴分子中之碳原子以單鍵結合者。

2. 鍵結原子數最高（4 個）。

3. 分為鏈烷與環烷。

（二）命名：

1. C 數 10 個內：以天干命名，10 個以上以數字表示。

2. 俗名：C 數 6 以下的烷。

  (1)正（n-）：表任何直鏈烷。

    如：正戊烷 $CH_3CH_2CH_2CH_2CH_3$

  (2)異（iso-）：表有 1 個甲基支鏈在第 2 個碳上。

    如：異戊烷

    $CH_3CHCH_2CH_3$
        |
       CH_3

  (3)新（neo-）：表第三異構物，只用於戊烷與己烷。

    如：新戊烷

        CH_3
        |
    CH_3-C-CH_3
        |
        CH_3

3. IUPAC 命名：

  (1)烷基：烷基主長鏈外鍵結支鏈。即烷分子少 1 個 H，以 R 表示。

    通式：$-C_nH_{2n+1}$

烷	RH	烷基	R
甲烷	CH_4	甲基	$-CH_3$
乙烷	CH_3CH_3	乙基	$-CH_2CH_3$
丙烷	$CH_3CH_2CH_3$	正丙基	$-CH_2CH_2CH_3$
		異丙基	CH_3CHCH_3

烷	RH	烷基	R
正丁烷	$CH_3CH_2CH_2CH_3$	正丁基	$-CH_2CH_2CH_2CH_3$
		第二丁基	$CH_3\overset{\mid}{C}HCH_2CH_3$
異丁烷	$CH_3\overset{\mid}{\underset{CH_3}{C}}HCH_3$	異丁基	$CH_3\overset{\mid}{\underset{CH_3}{C}}HCH_2-$
		第三丁基	$CH_3-\overset{\overset{\displaystyle CH_3}{\mid}}{\underset{\underset{\displaystyle }{\mid}}{C}}-CH_3$

(2) 規則

① 找最長主鏈，以 C 數決定名稱。若有等長碳鏈，應以取代基較多者為主鏈。

例：

A.3-己烷

$$CH_3CH_2CH_2\overset{\mid}{\underset{CH_3}{C}}HCH_2CH_3$$

B.2-甲基,3-乙基已烷（非 3-異丙基已烷）

$$CH_3CH_2CH_2CH_2\overset{\mid}{\underset{\underset{\displaystyle CH_3}{\mid}}{C}}H\overset{\displaystyle }{\underset{\displaystyle H-C-CH_3}{}}CH_2CH_3$$

② 自最接近取代基的一端，開始給予標號。

5-甲基,3-乙基壬烷

$$CH_3CH_2CH_2CH_2\overset{\mid}{\underset{CH_3}{C}}HCH_2\overset{\mid}{\underset{\underset{\displaystyle CH_3}{\mid}}{C}}HCH_2CH_3$$

③ 取代基號—取代基名主鏈名

2-甲基戊烷

$$CH_3CHCH_2CH_2CH_3$$
$$|$$
$$CH_3$$

④ 2 個相同取代基時，取代基前加國字。

2,2-二甲基戊烷　　　　　　　　2,3-二甲基戊烷

$$CH_3$$
$$|$$
$$CH_3CCH_2CH_2CH_3$$
$$|$$
$$CH_3$$

$$CH_3CH-CHCH_2CH_3$$
$$|　　|$$
$$CH_3　CH_3$$

⑤幾個不同取代基，小的在前大的在後。

4-甲基,3-乙基辛烷

$$CH_3CH_2CH_2CH_2CH-CHCH_2CH_3$$
$$|　　|$$
$$CH_3　CH_2$$
$$|$$
$$CH_3$$

（三）性質

1. NTP 時，C 數 1～4 為氣態，5～17 液態，18 以上固態。

2. 分子間以凡德瓦力結合。

3. 不溶於水，但可溶於有機溶劑。

4. 無色、無味、無臭、無毒。

5. 密度、沸點、熔點隨C數增加而增加，但密度均 < 1（0.8 為極限），丙烷熔點最低。

（四）烷烴異構物

1. 數目

烷	甲	乙	丙	丁	戊	己	庚	辛
分子式	CH_4	C_2H_6	C_3H_8	C_4H_{10}	C_5H_{12}	C_6H_{14}	C_7H_{16}	C_8H_{18}
異構物數目	1	1	1	2	3	5	9	18

2. 畫異構物（以 C_6H_{14} 為例）

(1) 6C 主鏈

C−C−C−C−C−C

(2) 5C 主鏈，另一為甲基

$$C-C-C-C-C \qquad C-C-C-C-C$$
$$\quad\ \ C \qquad\qquad\qquad\quad\ \ C$$

(3) 4C 主鏈，另二為取代基

$$\qquad\qquad\qquad\qquad C$$
$$C-C-C-C \qquad C-C-C-C$$
$$\ \ C\ \ C \qquad\qquad\quad\ C$$

（五）環烷類

1. 定義：只含 C 與 H，且 C-C 間均為單鍵的環狀化合物。

2. 通式：C_nH_{2n}。（同鏈烯）

3. 命名

(1) 與直鏈烷相似，但須加「環」字。

$$CH_2$$
$$H_2C\quad CH_2$$
$$H_2C\quad CH_2$$
$$\quad CH_2$$

(2) 若只有 1 個取代基，則不必標示位置。（因一定是 1）

$$CH_3$$
$$CH$$
$$H_2C\quad CH_2$$
$$H_2C-CH_2$$

(3) 若有多個取代基，以標號較小的方式命名，若取代基不同則以天干排序。

$$CH_3$$
$$CH$$
$$H_2C\quad CH_2$$
$$H_2C-CH$$
$$CH_2\ CH_3$$

4. 構型（以環己烷為例：椅式、船式）

(1) 並非同一平面。

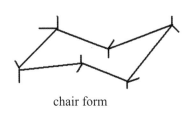

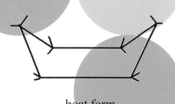

chair form   boat form

(2) 不可稱為同分異構物。

四、烯烴 alkenes

（一）定義

1. C=C 雙鍵的鍵結。

2. 最簡單烯類記為 $H_2C=CH_2$。

（二）製備

1. 醇類脫水

2. 石油裂解：實際上就是 C-C 鏈斷裂，以十六烷為例：

   $C_{16}H_{34} \rightarrow C_7H_{14} + C_9H_{20}$

（三）IUPAC 命名：

1. 找 C-C 雙鍵最長主鏈名稱。

2. 標號自最接近雙鍵的一端標起，雙鍵的位置要標出來。

   1-丁烯　$CH_3-CH_2-CH=CH_2$

   2-丁烯　$CH_3-CH=CH-CH_2$

3. 有取代基者，標示取代基所在的 C 編號

   4-甲基,2-戊烯　$CH_3-CH=CH-CH-CH_3$
   $\qquad\qquad\qquad\qquad\qquad\qquad\quad |$
   $\qquad\qquad\qquad\qquad\qquad\qquad\quad CH_3$

   2-甲基丙烯　$CH_3-C=CH_2$
   $\qquad\qquad\qquad\qquad\quad |$
   $\qquad\qquad\qquad\qquad\quad CH_3$

（四）烯的幾何異構物

1. 雙鍵 C 原子所鍵結的原子團不同，所以會形成順反異構物。

$$\begin{array}{ccc} a & & c \\ & C=C & \\ b & & d \end{array}$$

若 a≠b 且 c≠d，會有順反異構物。

若 a＝b 且 c＝d，不會有順反異構物。

2. 順反異購物

$$H_3C \quad \quad H_3C$$
$$\quad \quad C=C$$
$$H \quad \quad H$$
兩甲基在同側為順式，名：順 2-丁烯

$$H_3C \quad \quad H$$
$$\quad \quad C=C$$
$$H \quad \quad CH_3$$
兩甲基在異側為反式，名：反 2-丁烯

（熔點較低）

（五）C_nH_{2n}同分異構物

※ C_nH_{2n}為烯類與單環烷兩類

	C_2H_4	C_3H_6	C_4H_8	C_5H_{10}
烯	1	1	4	6
環烷	0	1	2	6

※以 C_4H_8為例

1. 烯

$$CH_3-CH_2-CH=CH_2 \quad \quad CH_3-\overset{\overset{\displaystyle CH_3}{|}}{C}=CH_2$$

$$H_3C \quad \quad CH_3 \quad \quad \quad H_3C \quad \quad H$$
$$\quad \quad C=C \quad \quad \quad \quad \quad C=C$$
$$H \quad \quad H \quad \quad \quad \quad \quad H \quad \quad CH_3$$

2. 環烷

$$\begin{matrix} C-C \\ |\quad| \\ C-C \end{matrix} \quad \quad \begin{matrix} C \\ \diagup \diagdown \\ C-C-C \end{matrix}$$

（六）性質

1. 不溶於水，但溶於有機溶劑。

2. 沸點隨 C 數增加而增加。

（七）環烯：環內含雙鍵者。

※只含 1 雙鍵，通式為 C_nH_{2n-2}。（同鏈炔）

如環己烯

$$
\begin{array}{c}
CH_2 \\
H_2C \quad CH \\
H_2C \quad CH \\
CH_2
\end{array}
$$

五、炔烴 alkynes

（一）定義：

1. $C \equiv C$ 參鍵結合。

2. 只含 1 個參鍵，炔類通式為 C_nH_{2n-2}，最簡單者為 $HC \equiv CH$。

（二）製備：

1. 碳酸鈣與煤反應生成電石（CaC_2）後加水。

2. 乙烯裂解

3. 甲烷裂解

（三）IUPAC 命名：

1. C-C 參鍵最長鏈為主鏈。

2. 標號必須自最接近參鍵的一端標起，參鍵所在 C 的位置需標出。

　　1-丁炔　$CH_3-CH_2-C \equiv CH$

　　2-戊炔　$H_3C-C \equiv C-CH_2CH_3$

3. 有取代基者，應標出取代基所在 C 編號。

　　4-甲基,2-戊炔　$H_3C \equiv C-CHCH_3$
　　　　　　　　　　　　　　　$\overset{|}{CH_3}$

（四）性質

1. 沸點隨 C 數增加而增加。

2. 密度 < 1。

3. 不溶於水，但溶於有機溶劑。

六、芳香烴

（一）定義

1. 苯及苯環為基體的烴類。

2. 脂芳烴：具有鏈烴支鏈的芳香烴。

3. 芳香烴因具有芳香氣味而得名。因結構含有苯環，其性質與最簡單的苯相似。

（二）製備

1. 分餾煤所得輕油再行分餾精製。

2. 正己烷在高溫通過鉑粉或 V_2O_5 脫氫反應。

3. 乙炔通過 500°C 石英管，3 分子乙炔聚合。

（三）性質

1. 俗稱安息油，無色有揮發性特殊氣味之液體，熔點 5.5°C，沸點 80.1°C，易燃，火焰強光煙濃。

2. 不溶於水，但能溶解於脂肪等有機物。

3. 與同碳數的烴比較，其熔沸點較高。（因結構穩定）

4. 苯常用來萃取有機物，但會誘發白血病，故漸為甲苯取代。

5. 廣泛運用在芳香烴衍生物製造，為有機化學工業之重要原料。

（四）常見芳香烴

1. 萘

2. 蒽

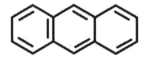

3. 菲

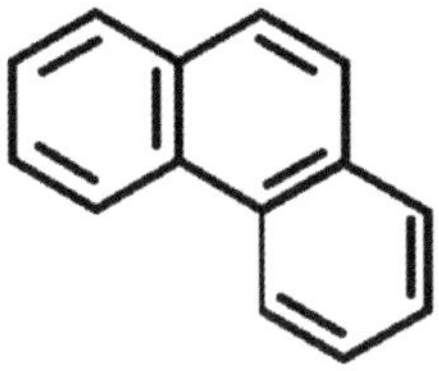

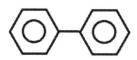

4. 聯苯

5. 四（多）氯聯苯

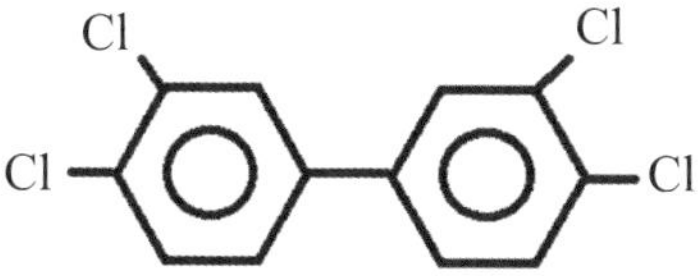

Cl   Cl

Cl   Cl

6. 戴奧辛

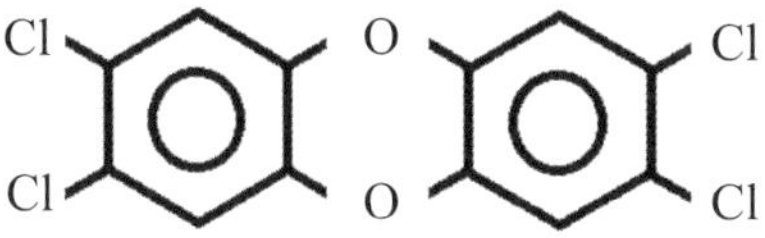

Cl   O   Cl

Cl   O   Cl

7. 2,4,6－三硝基甲苯（TNT）

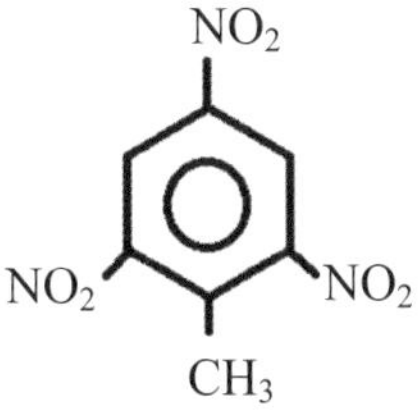

NO_2

NO_2 NO_2

CH_3

C_7H_{16}有幾種異構物？

(A) 3　　　　　(B) 6　　　　　(C) 9　　　　　(D) 12　　　　（94 學測）

【答案】C

【解析】
1. $H_3C-CH_2-CH_2-CH_2-CH_2-CH_2-CH_3$　　　　正庚烷

2. $H_3C-CH_2-CH_2-CH_2-CH(CH_3)-CH_3$　　　2-甲基-己烷

3. $H_3C-CH_2-CH_2-CH(CH_3)-CH_2-CH_3$　　　3-甲基-己烷

4. $H_3C-CH_2-CH_2-C(CH_3)_2-CH_3$　　　2,2-二甲基-戊烷

5. $H_3C-CH_2-CH(CH_3)-CH(CH_3)-CH_3$　　2,3-二甲基-戊烷

6. $H_3C-CH(CH_3)-CH_2-CH(CH_3)-CH_3$　　2,4-二甲基-戊烷

7. $H_3C-CH_2-C(CH_3)_2-CH_2-CH_3$　　　3,3-二甲基-戊烷

8. $H_3C-CH_2-CH(C_2H_5)-CH_2-CH_3$　　　3-乙基-戊烷

9. $H_3C-CH(CH_3)-C(CH_3)_2-CH_3$　　　2,2,3-三甲基-丁烷

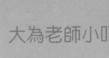

大為老師小叮嚀

　　異構物的結構式畫法真的很讓同學傷腦筋，其實我倒覺得這範圍的內容屬於相當具有創意性的挑戰。要熟悉此部分內容，就只要「沒事多畫結構式、多畫結構式沒事！」

題型十四　常見的有機化合物

題型十四　常見的有機化合物

解題觀念思考

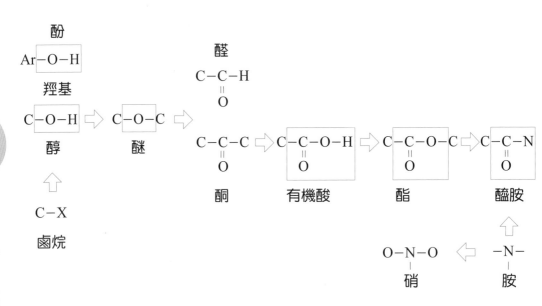

學測化學必考的22個題型

下列有關去氧核糖核酸的敘述，哪些選項正確？　　　　（98指考）

(A) 結構中含有硫酸根

(B) 結構中糖的成分來自果糖

(C) 其聚合方式為縮合

(D) 以胺基酸為單體聚合而成

(E) 其雙股螺旋結構中具有氫鍵。

【答案】CE

【解析】(A)DNA 結構中含有磷酸根（PO_4^{3-}）

　　　　(B)五碳醣來自去氧核糖

　　　　(C)數個單體之間以脫水縮合方式聚合

　　　　(D)以核?酸為單體聚合而成去氧核醣

　　　　(E)利用 A 與 T 形成 2 個氫鍵，C 與 G 形成 3 個氫鍵，以維持 DNA 的雙股螺旋結構

解題切入觀點

此題型結合生物科，是個內容相當繁複的題型，背誦的份量相當大。最重要的是同分異構物的相關連性，還有如醣類、蛋白質、DNA 的結構等，也是必需要熟記的重點。

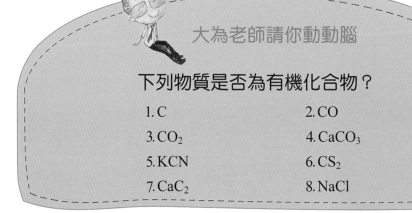

大為老師請你動動腦

下列物質是否為有機化合物？

1. C　　　　　　　　2. CO

3. CO_2　　　　　　4. $CaCO_3$

5. KCN　　　　　　6. CS_2

7. CaC_2　　　　　8. NaCl

一、醇與醚

（一）醇

1. 醇類（alcohols）是羥基（−OH 基，hydroxyl group）與飽和碳鍵結而成的有機化合物，其通式為 ROH。

2. 醇類可分為一級（primary, 1°）、二級（secondary, 2°）及三級（tertiary, 3°）醇。

   (1)與羥基相連的碳，僅與一個碳連接時，此類醇稱為一級醇，如 1−丙醇。

   (2)與二個碳連接，則稱為二級醇，如 2−丁醇

   (3)與三個碳連接，則稱為三級醇，如 2−甲基−2−丙醇。

CH₃CH₂CH₂−OH	H₃C−C−CH₂CH₃ (H上, OH下)	H₃C−C−OH (CH₃上, CH₃下)
1−丙醇	2−丁醇	2−甲基−2−丙醇
一級醇（1°醇）	二級醇（2°醇）	三級醇（3°醇）

$$CH_3CH_2CH_2-OH \qquad \underset{OH}{\overset{H}{H_3C-C-CH_2CH_3}} \qquad \underset{CH_3}{\overset{CH_3}{H_3C-C-OH}}$$

3. 醇亦可以分子中羥基的數目加以分類。

   (1)僅含一個羥基者稱為一元醇，例如 1−丁醇及 3−甲基−2−戊醇。

   (2)含二個以上羥基者稱為多元醇。乙二醇（俗稱水精）為二元醇，丙三醇（俗稱甘油）為三元醇。

$$CH_3CH_2CH_2CH_2-OH \qquad \underset{H\ \ CH_3}{\overset{H\ \ H\ \ OH}{H_3C-C-C-CH-CH_3}} \qquad \underset{OHOH}{H_2C-CH_2} \qquad \underset{OHOHOH}{\overset{H}{H_2C-C-CH_2}}$$

1−丁醇	3−甲基−2−戊醇	乙二醇	丙三醇
（一元醇）	（一元醇）	（二元醇）	（三元醇）

4. 性質：
   (1)醇與水分子相似，均能以氫鍵相聚，因此醇類比分子量相近的烴及醚的沸點高。
   (2)碳數較少的醇如甲、乙及丙醇可以與水以任何比例互溶，然而，含碳數較多的醇其性質則與烴類相似，易溶於正己烷，僅微溶於水。
   (3)醇的酸性遠低於醋酸，因此，不與氫氧化鈉反應。然而，醇可與鹼金屬如鈉或鉀反應而產生氫氣。
5. 常見的醇
   (1)甲醇：
      ①甲醇昔日係由木材蒸餾而得，因此又稱為木精。
      ②甲醇是無色液體，沸點 64.7℃，具毒性，誤飲或長時間吸收，可對各種器官及神經系統造成傷害，嚴重者可導致失明甚至死亡。
      ③大部分的甲醇是用來製造甲醛及染料，亦可以用做有機溶劑及抗凍劑。
   (2)乙醇：
      ①乙醇俗稱酒精，係酒類的重要成分，人類早在 2500 年前即知道將醣類醱酵製造成酒精。
      ②絕對酒精：或稱無水酒精。100%酒精。
      ③藥用酒精：95%酒精。
      ④工業酒精：或稱變性酒精。為乙醇添加甲醇。

（二）醚
1. 醇的官能基−OH 的氫被烷基取代的化合物，通式為 R−O−R'，官能基為 C−O−C，稱為烷氧基。
2. 同碳數的醇與醚為同分異構物。
3. 命名：根據官能基所連接的兩個烴基命名，成為「某某醚」或「二某醚」，簡稱「某醚」。但兩個烴基不一定相同，稱為「某基某基醚」。
4. 可與多數有機溶劑互溶，但難溶於水。密度比水小。

5. 沸點比同碳數醇低，有揮發性易著火，化性不活潑。

6. 乙醚為無色揮發性液體，有特殊氣味，常做溶劑與外科用麻醉劑。

二、醛與酮

1. 羰基化合物：含有羰基（C＝O）的有機物如醛類 aldehyde、酮類 ketone。

2. 通式：醛、酮互為同分異構物，其通式為 R－CHO 與 R－CO－R'。

3. 命名與醇相似，碳的編號由官能基開始，惟醛基一定為第一號碳，故不須標明醛基位置，酮基則須標明位置。

4. 性質：常溫下甲醛為氣體，其餘醛酮均為液體。沸點較同碳數之烷類及醚類高但比具有氫鍵的酸或醇低。

5. 常見的醛與酮

   (1)甲醛 HCHO：最簡單的醛類，俗稱福馬林（formalin）。極易溶於水，為無色有刺激性臭味的氣體，會致癌。市售的福馬林為約37%的甲醛水溶液，可作為防腐劑或消毒劑也可用為樹脂或塑膠或膠合絕緣材料。

   (2)苯甲醛 C_6H_5CHO：具櫻桃香味可做為香料。

   (3)丙酮 CH_3COCH_3：為無色、具有芳香，易揮發的液體（沸點56.3℃）。可溶於水，亦可溶解於有機溶劑，為常用的有機溶劑，可溶解油漆、人造絲、賽璐珞等有機化合物。

三、酸與酯

有機分子中含有羧基（$-\overset{\overset{\text{O}}{\|}}{\text{C}}-\text{OH}$）者，稱為有機酸類 carboxylic acid，為羰基與－OH 基結合。而羧基的 H 被烴基取代即形成酯類 ester，兩者碳數相同則為同分異構物。

（一）有機酸類

1. 命名：碳的編號由羧基開始，與醇相似，主鏈名稱改為酸。不必標示官能基位置。

2. 碳數少的酸易溶於水，呈弱酸性，沸點比同碳數醇類高。

3. 常見的酸：

   (1)甲酸：為無色具有刺激性臭味的液體，因在螞蟻和蜜蜂的分泌液

中含有羧甲酸，故甲酸俗稱蟻酸。在工業上可作為橡膠乳汁的凝固劑。

(2)乙酸：俗稱醋酸，為食醋的主要成份（約含 5%），為具有強烈刺激性氣味的液體，醋酸含水量在 1%以下者在冬季容易凍結（凝固點 17°C）成冰狀固體稱為冰醋酸（市售的冰醋酸含醋酸 99.5%，17.4 M）。

(3)乙二酸 $H_2C_2O_4$：為二元酸，常見於植物中，俗稱「草酸」。

(4)苯甲酸：俗稱安息香酸，為白色晶體，能昇華，有防腐作用。苯甲酸鈉溶於水，常用為食物防腐劑，可作為醬油的添加物。鄰羥基苯甲酸，俗名水楊酸或柳酸，乙醯柳酸即為阿斯匹靈，為常用鎮痛解熱劑。

（二）酯類

1. 命名：酯的命名法係由其反應物的酸及醇之名稱演繹而成為「某酸某酯」。

2. 酯為重要的有機物，低分子量的酸與醇所形成的酯，具有水果香味且揮發性大，常用作香料及人造調味品，並且為優良溶劑。

3. 酯分子間不形成氫鍵故沸點、熔點都較同分子式的酸低，沸點與分子量大約相等的醛、酮相近。難於水，比重小於水，為中性物質。

4. 俗稱的「香蕉油」為乙酸戊酯。

四、胺與醯胺

兩者均為常見的含氮有機物。

（一）胺 amine

1. 通式：氨的氫原子被烴基取代，通式為 $R-NH_2$。

2. 分類與命名：

(1)第一胺（1°胺）：氮原子上只連接一個R（烷基或芳香基）者，通式：RNH_2

$$
\begin{array}{c}
CH_3 \\
| \\
H-N-H
\end{array}
\quad 甲胺
$$

(2)第二胺（2°胺）：氮原子上連接二個 R 者，通式：R_2NH

$$CH_3$$
$$H-N-CH_3 \quad 二甲胺$$

(3)第三胺（3°胺）：氮原子上連接三個R者，通式：R_3N（R_3N 無氫鍵）

$$CH_3$$
$$CH_3-N-CH_3 \quad 三甲胺$$

3. 性質：

(1)甲胺與乙胺似 NH_3 的臭味，碳數較多的烷基胺具魚腥味。

(2)除 3°胺外，胺類有氫鍵，故胺類的沸點較同分子量的烷、醚高，但其氫鍵比醇類弱（因為 N 的電負度小於 O），所以沸點低於同分子量的醇。

(3)可與水形成氫鍵，故低級胺類對水溶解度大；胺類性質似於氨，水溶液呈弱鹼性，易溶於酸中。

4. 常見的胺

(1)苯胺 $C_6H_5NH_2$：

①苯胺為具有特殊臭味的液體，久置於空氣中逐漸氧化呈褐色。

②難溶於水，但溶於鹽酸；水溶液呈鹼性，其鹼性較氨小。

③苯胺及其他芳香胺為工業上重要之原料，可以製造許多藥物、染料、及其他有用之化合物，如乙醯胺苯、磺胺類藥物。

(2)許多自然界中的有機鹼如咖啡因等即屬此類。

（二）醯胺 amide

1. 羧酸中的羥基被胺基取代者，稱為醯胺類。

2. 通式與命名：

(1)醯胺的結構中含有醯基（$R-\overset{\displaystyle O}{\overset{\|}{C}}-$）及胺基（$-NH_2$），其通式為：

$R-\overset{\displaystyle O}{\overset{\|}{C}}-NH_2$。命名法與酸類似，主鏈名稱改為醯胺。如：

$$R-\overset{\displaystyle O}{\overset{\|}{C}}-NH_2 \qquad CH_3-\overset{\displaystyle O}{\overset{\|}{C}}-NH_2$$

(2)若胺基（$-NH_2$）上的氫被烴取代基（R）取代，則為 $R-\overset{\displaystyle O}{\overset{\|}{C}}-NHR'$

或 $R-\overset{O}{\overset{\|}{C}}-NR_2'$，命名法為在主鏈名稱前加註「N-取代基某醯

胺」。如：$CH_3-\overset{O}{\overset{\|}{C}}-\underset{H}{N}-CH_3$　$CH_3-\overset{O}{\overset{\|}{C}}-N\overset{CH_3}{\underset{CH_3}{\diagdown}}$

3. 性質：

(1)除甲醯胺為液體外，餘皆為無色固體。因生成許多氫鍵，故沸點相當高。低級醯胺可與水形成氫鍵，故易溶於水。

(2)醯胺中的 $-\overset{O}{\overset{\|}{C}}-\overset{H}{\overset{|}{N}}$ 稱為醯胺鍵或肽鍵，為蛋白質長鏈分子的基本結構。

4. 常見的醯胺：

(1)尿素：為碳酸的二醯胺衍生物，學名為碳酸二胺或碳醯胺，是生物代謝產物，可做為肥料或化工原料。

$$H_2N-\overset{O}{\overset{\|}{C}}-NH_2$$

(2)乙醯胺苯：乙醯胺苯 ◯—$\overset{H}{\overset{|}{N}}-\overset{O}{\overset{\|}{C}}-CH_3$ 為有機合成之中間產物，在醫藥上作為鎮痛劑；乙醯胺苯再經一系列反應，可以合成對胺苯磺醯胺，簡稱磺胺 H_2N-◯$-SO_2NH_2$，係為有效的消炎劑。

五、醣類 saccharide

1. 早期把醣類的通式寫為 $C_m(H_2O)_n$，故醣類又被稱為碳水化合物（carbohydrate），至今仍沿用；實際上，醣類的結構中並沒有水分子存在。

2. 單醣（monosaccharide）是最簡單的醣，無法分解成其他醣類，種類很多，依照碳數分為三碳醣、四碳醣、五碳醣、六碳醣、七碳醣等。葡萄糖（glucose）、果糖（fructose）及半乳糖（galactose）都是六碳醣，分子式均為 $C_6H_{12}O_6$，互為同分異構物。另外，核糖核酸及去氧核糖核酸中所含的核糖（$C_5H_{10}O_5$）及去氧核糖（$C_5H_{10}O_4$）屬於五碳醣。

(1)葡萄糖（glucose）屬於醛醣。成熟的水果、蜂蜜都含有葡萄糖；血液中含有少量的葡萄糖，稱為血糖（blood sugar）。

(2)果糖（fructose）屬於酮醣。甜度高於葡萄糖，自然界中以蘋果和蜂蜜含較多果糖。

(3)半乳糖（galactose）屬於醛醣。是腦部發育的重要營養成分，也是動物組織中的成分之一，主要來自乳汁及乳製品中的乳糖。

PS 甜度：果＞蔗＞葡＞半

3. 雙醣（disaccharide）分子是由兩個單醣分子脫去一分子水而得，其分子式為 $C_{12}H_{22}O_{11}$。如蔗糖、乳糖及麥芽糖，三者互為同分異構物。

(1)蔗糖（glucose）：存在於甘蔗、甜菜根中。將一分子蔗糖加水分解，即可得一分子葡萄糖與一分子果糖。

$$C_{12}H_{22}O_{11} + H_2O \xrightarrow{H^+} C_6H_{12}O_6 + C_6H_{12}O_6$$

　　　蔗糖　　　　　　　　葡萄糖　　果糖

(2)麥芽糖（fructose）：可由澱粉水解得來，易溶於水，甜味不及蔗糖。一分子麥芽糖可水解成二分子的葡萄糖。

$$C_{12}H_{22}O_{11} + H_2O \xrightarrow{H^+} 2C_6H_{12}O_6$$

　　麥芽糖　　　　　　　　葡萄糖

(3)乳糖（lactose）：存在於哺乳動物的乳汁中，新鮮牛奶中約含 5%、人乳中約含 7%的乳糖，其甜味不及蔗糖。一分子乳糖在酸的催化下可水解成一分子葡萄糖及一分子半乳糖。

$$C_{12}H_{22}O_{11} + H_2O \xrightarrow{H^+} C_6H_{12}O_6 + C_6H_{12}O_6$$

　　乳糖　　　　　　　　　葡萄糖　　半乳糖

4. 寡醣（oligosaccharide）是指由 3～10 個單醣分子構成的醣類，果菜如香蕉、番茄、大蒜及洋蔥均含有寡醣。可利用生化科技及酵素反應從澱粉及雙醣合成，且不會造成蛀牙，其每克產生的熱量也比蔗糖低，已被廣泛當作健康食品的添加物。

5. 多醣（polysaccharide）是由多個單醣脫去水分子而成的巨大分子聚合物，分子式可用 $(C_6H_{10}O_5)_n$ 表示，其中 n 值通常為數百到數千之間不等。

(1) 澱粉：存在於米、麥、馬鈴薯、玉米、地瓜等，是人類重要的食物。在消化過程中經由水解反應，先分解為分子量較小的糊精，再繼續分解為麥芽糖，最後分解成可供小腸吸收的葡萄糖，再經複雜的氧化作用，產生能量。

$$(C_6H_{10}O_5)_n \rightarrow (C_6H_{10}O_5)_m \rightarrow C_{12}H_{22}O_{11} \rightarrow C_6H_{12}O_6 \rightarrow CO_2 + H_2O$$

澱粉　　　　糊精　　　　麥芽糖　　　葡萄糖

葡萄糖可經由酵母菌發酵作用而生成酒精，故澱粉為釀造酒類的重要原料。碘遇到澱粉呈藍色，可用以檢驗澱粉的存在。

(2) 纖維素：存在於植物的木質部、表皮及樹葉中，棉花中的纖維素幾乎是純粹的纖維素。化學式為 $(C_6H_{10}O_5)_n$，約由 900～6000 個葡萄糖分子聚合而成。不能被人體消化，但可促進腸胃蠕動，幫助消化排泄，有助身體健康。

(3) 肝醣：大多存在於動物的肝臟及肌肉組織中，可受酸的催化分解成葡萄糖。人體中未代謝的葡萄糖常在肝臟肌肉中聚合成肝醣儲存，必要時可在最短時間內分解氧化，立即提供所需的能量。

六、蛋白質

1. 蛋白質（protein）是生命的基石，存在於動植物體的含氮有機化合物，是構成動植物細胞的主要物質，凡頭髮、皮膚、肌肉、指甲、羽毛……，都是蛋白質所組成。植物能夠利用二氧化碳、水、氨及無機鹽類合成蛋白質，大多存於種子中，如黃豆、花生等。動物攝取食物中的蛋白質，經消化吸收後合成自身所需的蛋白質，或氧化產生能量，以表現生命現象。

2. 蛋白質的組成：

(1) 構成蛋白質分子的基本物質是胺基酸（amino acid），構成人體的胺基酸約有二十幾種，其通式如圖所示。因分子中同時含有胺基（−NH₂）及羧基（−COOH）而得名。圖中 R 不同，即為不同的胺基酸，最簡單的胺基酸為甘胺酸，如右圖所示。

$$\begin{array}{cc} H & H \\ | & | \\ H-C-COOH & R-C-COOH \\ | & | \\ NH_2 & NH_2 \end{array}$$

甘胺酸　　　　胺基酸通式

a. 胺基酸分子中，胺基位於羧酸旁的第一個碳稱為α-胺基酸，如甘胺酸、α-丙胺酸及麩胺酸，食物中的味精即為麩胺酸鈉。天然的胺基酸多為α-胺基酸，由於同時含有具酸性的羧基與具鹼性的胺基，因此胺基酸是同時具有酸、鹼性質的分子。

b. 若連接於第二個碳，則為β-胺基酸，如β-丙胺酸。

(2)蛋白質是由各種胺基酸連接在一起形成的高分子聚合物，而胺基酸分子間是以肽鍵（醯胺鍵）鏈結，如下圖所示。

(3)蛋白質是含有很多肽鍵的化合物，通常，二個胺基酸分子縮合成的分子稱為二肽（dipeptide），如人工甜味中的阿司巴丹即是二肽分子。由三個、四個、五個胺基酸聯結形成的分子，分別稱為三、四及五肽；分子量低於 5000 g/mol 的胺基酸分子聚合物稱為多肽（polypeptide），而分子量高於 5000 g/mol 的胺基酸聚合而成的聚合物稱為蛋白質。各種胺基酸排列的順序稱為胺基酸序列（amino acid sequence），胺基酸排列順序不同，即成為不同的蛋白質。除含有 C、H、O、N 等元素外，有些蛋白質亦含有 S、P 元素。

(4)蛋白質的結構十分複雜，並非簡單的直鏈形，有螺旋及褶板兩種結構。角蛋白（α-keratin）是組成動物毛髮、指甲及羽毛的重要蛋白質。研究顯示：角蛋白的結構有如電話線的螺旋結構（helical structure），蠶絲或蜘蛛網中的纖維狀蛋白質形狀則為褶板結構。

3. 蛋白質的來源：蛋白質的重要來源有兩種，其一為動物性蛋白質，如牛肉、雞蛋等；另一為植物性蛋白質，如豆類和穀類等。動物性蛋白質的營養價值通常比植物性蛋白質高，此因動物性蛋白質所含人類所需的胺基酸種類較為完全。飲食時，若能兩者混合食用，可因互補而提供更好的胺基酸平衡。

4. 蛋白質的重要性：蛋白質不能被人體直接吸收，必須經由消化分解成各種不同的簡單胺基酸，才能由小腸吸收到人體內，再合成人體所需的蛋白質。有些胺基酸發生氧化產生能量，其中所含的氮會轉換成氨，以尿的形式排出體外；有些可轉換為葡萄糖或脂肪，作為能量來源。每公克的蛋白質可提供約 4 仟卡的熱量，其數值略高於醣而比脂肪低。體內進行化學反應通常需要在酶的催化之下才能順利的進行。酶也是一種蛋白質，如澱粉酶可以消化米飯、麵食等澱粉類食物。

5. 蛋白質的檢驗：蛋白質與濃硝酸共熱即呈黃色，可利用此呈色反應來檢驗蛋白質的存在。

七、脂肪

1. 油脂（oil and fat）是動植物組織的重要成分，是由一分子甘油（1,2,3 －丙三醇）與三分子脂肪酸結合而成，因此又稱為三酸甘油酯（triglyceride）。

甘油（1,2,3-丙三醇）　　脂肪酸　　油脂

2. 油脂的熔點通常取決於脂肪酸的種類。一般而言，由碳數較多的飽和脂肪酸所形成的油脂，在常溫下多為固體，如牛油、豬油等，故稱為脂肪（fat）。而由碳數少的飽和脂肪酸或含雙鍵的不飽和脂肪酸（如花生油）所形成的油脂，在常溫下多為液體，故稱為油（oil）。

3. 油脂的比重一般在 0.9～0.95 之間，比水輕而不溶於水。油脂易溶於汽油及乙醚等有機溶劑。<u>飽和的油脂具有酯類的性質，不飽和的油脂皆具有酯和烯類的性質</u>。油脂除了可供食用外，也是製造肥皂、甘油

及動物飼料等的原料。

4. 油脂在氫氧化鈉或氫氧化鉀等鹼性水溶液中加熱水解，可產生脂肪酸鈉或脂肪酸鉀鹽（就是肥皂）和甘油。家庭常用的肥皂多由牛油、椰子油或棕櫚油等與氫氧化鈉共熱而得。

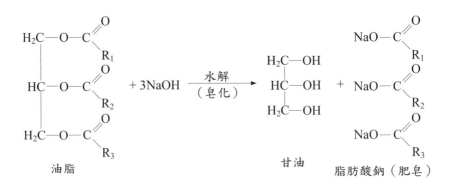

油脂　　　　　　　　　　　　甘油　　脂肪酸鈉（肥皂）

八、核酸與核苷酸

1. 核酸最早是從細胞核分離得到，且具有酸性，因此而得名。核酸有去氧核糖核酸與核糖核酸兩種，分別為 DNA（deoxyribonucleic acid）與 RNA（ribonucleic acid）。

2. 核酸是以核苷酸為單元聚合而成的巨大分子。核苷酸包含鹼基、五碳醣、磷酸根三個部分。當核苷酸去掉磷酸根時，稱為核苷。

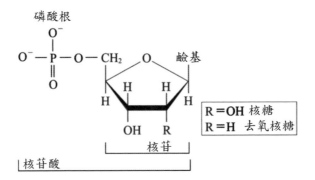

$R = OH$ 核糖
$R = H$ 去氧核糖

3. DNA 的五碳醣為去氧核糖，而 RNA 的五碳醣為核糖。

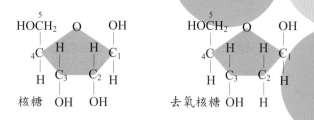

核糖　去氧核糖

4. 鹼基包括嘌呤（purine，有 A、G 兩種）、嘧啶（pyrimidine，有 T、C、U 三種）。DNA 存在於細胞核中，負有儲存生物遺傳訊息的任務，它的鹼基分別為 A、C、G、T，DNA 分子中鹼基的排列順序即為生物遺傳的密碼，不同的物種也由於鹼基序列不同而有差異。RNA 的鹼基也有四種，分別是 A、C、G、U。遺傳訊息本來儲存在 DNA 上，而 RNA 是遺傳訊息的中間載體，經過 RNA 的接棒，再把這個訊息傳下去，製造出蛋白質。

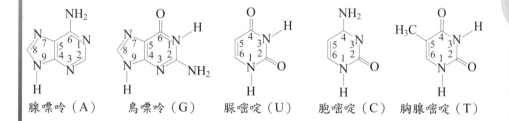

腺嘌呤（A）　　鳥嘌呤（G）　　脲嘧啶（U）　　胞嘧啶（C）　　胸腺嘧啶（T）

5. 核苷可以接一個至三個磷酸根，由核苷與磷酸根形成的化合物稱為核苷酸。

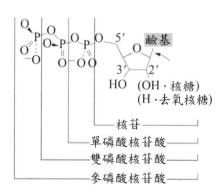

鹼基

HO　(OH‧核糖)
(H‧去氧核糖)

核苷
單磷酸核苷酸
雙磷酸核苷酸
參磷酸核苷酸

PS:DNA 與 RNA 的比較：

性質＼化合物	DNA（deoxyribonucleic acid）	RNA（ribonucleic acid）
鍵　結	由相鄰的去氧核糖核苷酸以磷酸二酯鍵結合，形成的聚合物	由相鄰的核糖核苷酸以磷酸二酯鍵結合，形成的聚合物
鹼　基	腺嘌呤（A）胸腺嘧啶（T）胞嘧啶（C）鳥嘌呤（G）	腺嘌呤（A）尿嘧啶（U）、胞嘧啶（C）鳥嘌呤（G）
結　構	雙股螺旋	單股螺旋
功　能	存在細胞核內，儲存了生物遺傳密碼	可以轉錄及轉譯遺傳密碼使體內製造蛋白質

類題 1

下列哪些聚合物含有醯胺鍵？

(A)羊毛　　(B)蠶絲　　(C)天然橡膠　　(D)耐綸　　(E)棉花。（93 指考）

【答案】ABD

【解析】羊毛和蠶絲成份為蛋白質，此兩者與耐綸均為聚醯胺結構

類題 2

醣類是人體三大營養素之一，下列有關醣類的敘述，何者正確？

(A) 葡萄糖和果糖是同分異構物

(B) 澱粉是由葡萄糖經加成聚合而成

(C) 蔗糖和麥芽糖具有相同的分子式

(D) 葡萄糖和果糖具有相同化學性質

(E) 澱粉和纖維素是由不同的單醣所組成的。　　　　（92 學測）

【答案】AC

【解析】(B)澱粉由葡萄糖經縮合聚合形成；(D)葡萄糖和果糖互為同分異構物，化學性質不相同；(E)澱粉和纖維素兩聚合物都是由葡萄糖單體聚合而成的。

大為老師說故事

吹肥皂泡泡

　　女兒曉諭氣呼呼從外面回來，立刻衝進後陽台，翻箱倒櫃的不知道在忙些甚麼。一會兒，只見她手上拿著一個杯子，以吸管沾裡面的液體，然後吹氣……「氣死我了！怎麼吹不出來……氣死我了！」

　　「我的大小姐，發生甚麼事呀？」大為老師本來在電腦前為上課編寫講義教材，看到曉諭生氣的樣子，打趣地問她。

　　「為甚麼我的肥皂水吹不出泡泡？」曉諭還是很生氣，果然她一直吹，就是一個泡泡也吹不出來。

　　「你沒事怎麼會臨時想要吹泡泡？」大為老師接過曉諭手上的肥皂水，看了一下。

　　「都是朱媛玉還有陳玉珍啦，」曉諭臉漲的紅紅的，「她們在吹肥皂泡泡，我覺得很好玩，就想跟她們借來吹，沒想到，她們故意不給我吹，還跟我說要吹自己去買！氣死我了！」

　　「喔，原來是這樣呀，」大為老師點點頭，「可是，你泡的肥皂水，是利用家裡的洗衣精泡的吧？這個是沒有辦法吹出泡泡的。」

　　「吹不出泡泡嗎？為甚麼？肥皂水不夠濃嗎？」曉諭懷疑地問。

「不是不夠濃，是我們家的洗衣精是屬於『軟性』清潔劑。」

「軟性清潔劑？」

「是的，就是軟性清潔劑。」大為老師摸著曉諭的頭，「你同學她們吹的肥皂泡泡是利用『硬性』清潔劑製造的，硬性清潔劑所產生的泡泡，可以經過很久的時間也不會消失，所以容易吹出泡泡；而你使用的軟性清潔劑是不容易產生泡泡的，即使產生了泡泡也很快就會消失。」

「那為何我們家要使用軟性清潔劑，而不使用硬性的呢？」

大為老師笑著回答，「硬性清潔劑在清洗完物品之後，排到外面的水溝、小溪等水域，泡泡會持續浮在水面上，隔絕了水面與空氣的接觸，造成水中溶氧量降低，水質就會惡化，水中生物就無法生存了。軟性清潔劑不容易起泡，這樣子才不會對環境造成公害。」

「原來是這樣子呀……」曉諭點點頭，若有所思地說。

「的確，現在大家都很有環保概念，市面上已經幾乎找不到硬性清潔劑了，所以，明天爸爸再到學校實驗室去拿些硬性洗劑來幫你做泡泡肥皂水。」大為老師慈祥地對曉諭說，「所以，我的心肝寶貝，別生氣了喔。」

「不必了啦，爸，我已經不想要吹了，不過，」曉諭好像想到一件事，「我明天會去跟朱媛玉和陳玉珍說：『你們真是太不環保了！』，哼！」

「好可怕，真會記仇，果然是有其母必有其女。」大為老師心裡暗暗地想。

「哈啾！」在旁邊的師母忽然打了個噴嚏，「奇怪，有人在背後罵我嗎？」

大為老師偷偷吐了一下舌頭。

題型十五　化石燃料與能源

題型十五　化石燃料與能源

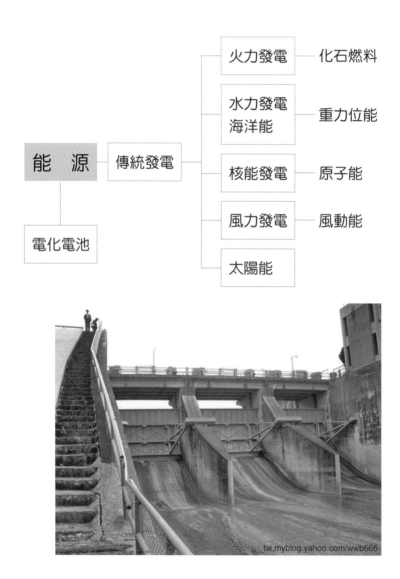

下列哪些選項為臺灣已經作為商業使用的再生能源？（應選 2 項）

（100 學測）

(A) 核能發電　(B) 潮汐發電　(C) 風力發電　(D) 海流發電　(E) 水力發電

【答案】CE

【解析】(A)核能不屬於再生能源；

　　　　(B)臺灣海岸並無足夠的潮汐差來發展潮汐發電；

　　　　(C)目前台灣在澎湖、桃園、新竹、臺中、彰化、屏東等地區已有
　　　　　　風力發電機組在商轉；

　　　　(D)臺灣外海附近雖有黑潮經過，但目前並未著手開發，而洋流發
　　　　　　電仍為探索階段，但並未實際的運轉機組；

　　　　(E)臺灣擁有多座水力發電廠，如桃園的石門電廠、南投日月潭的
　　　　　　大觀發電廠、臺中大甲溪的德基與谷關電廠、臺南曾文溪上游
　　　　　　的曾文發電廠等。故本題應選(C)(E)。

解題切入觀點

「再生能源」（Renewable energy）係指理論上能取之不盡的天然資源，過
程中不會產生污染物，例如太陽能、風能、地熱能、水力能、潮汐能、生質
能等。而商業使用即為已大量使用在民生用途。

石門水庫水力發電廠

一、能源的區分

1. 可提供能量的物質或裝置，稱為能源。太陽能是地球上最重要的能源。

2. 可以循環再利用的稱為「再生能源」，如生質能、風能、水力能等。

二、化石燃料

1. 煤

(1) 成分：主要為碳，並含有少量的氫、氧、氮、硫及其他元素。

(2) 分類：依碳化程度，由低至高分成：泥煤、褐煤、煙煤及無煙煤四大類。碳化程度越高者，每克燃燒的放熱也越多。

(3) 煤的乾餾：

①將煤隔絕空氣加熱分解的反應。（屬化學變化）

②煤乾餾後可獲得氣態的煤氣、液態的煤洽和固態的煤焦。

(4) 煤氣是最重要的氣體燃料，主要含氫及甲烷（CH_4）與少量的 CO。

(5) 煤洽為黏稠的液體，俗稱「煤焦油」，是複雜的混合物，可製造染料、香料、醫藥、紡織纖維、農藥、軍用品等，甚至分餾後的煤渣也可作鋪路、防水或是電極的材料。

(6) 煤焦幾乎完全是碳，可冶鐵煉鋼、製造水煤氣。

(7) 將灼熱的煤通入高溫的水蒸氣，此時可生成一氧化碳和氫，合稱為水煤氣或合成天然氣，此反應也稱為水煤氣轉化反應，為吸熱反應。

(8) 將煤和氫氣經催化反應製成類似原油的烴類，可製得合成汽油。

2. 石油

　(1)從油礦開採而得的油稱為原油，為黑色黏稠狀液體，需經提煉方能使用。石油是由為數眾多的烴類之混合物，主要以烷類居多，另含有氧、氮與硫的化合物。

　(2)石油的分餾：將原油中各種成分，依其沸點高低不同的性質，藉加熱而予以分離的過程，稱為分餾。沸點低的物質受熱汽化而逐漸向分餾塔上層移動，沸點較高的物質依次凝聚於塔底，各分餾物是由一定沸點範圍之成分所組成。

　(3)液化石油氣的組成：液化石油氣是石油分餾的產物，常溫下為氣體，其主要成分為丙烷和丁烷，又稱為液態瓦斯（簡稱 LPG）。

　(4)將石油分餾的產物經過裂解（cracking）、重組（reforming）、異構化（isomerization）、烷基化（alkylation）及聚合（polymreization）等程序，來提高產品價值。

　(5)辛烷值（octane number 簡稱 ON 值）：

　　①辛烷值越高，表示燃料的抗震效果越好。

　　②正庚烷的震爆情形較嚴重，其辛烷值定為 0；異辛烷（2,2,4-三甲基戊烷）產生的震爆較為緩和，是一種良好的汽車燃料，其辛烷值定為 100。

　　③若有某汽油之震爆性與體積 95%異辛烷和體積 5%正庚烷之混合液的震爆性相同時，該汽油的辛烷值即被標定為 95。汽油辛烷值 95，並非表示該汽油內含有 95%之異辛烷。

　　④辛烷值判定：

　　　A. 正烷類之辛烷值隨碳數的增加而降低，如正戊烷＞正庚烷＞正辛烷。

　　　B. 同碳數時，有支鏈的烷類之辛烷值比正烷類高，且分支越多，辛烷值越高。

　　　C. 烯類的辛烷值比同碳數的正烷類高，如 1-戊烯＞正戊烷。

　　　D. 芳香烴通常有較高的辛烷值，如苯、甲苯。

　　　E. 醇或醚通常有較高的辛烷值，如甲醇、乙醇、甲基第三丁基醚。

3. 天然氣

⑴天然氣中，甲烷約占 60%～90%，隨產地不同其組成比例也會有所差異。大多當作家用燃料。

⑵家用天然氣或液化石油氣都添加臭氣（乙硫醇 CH_3CH_2SH）以防外洩警示。

液化丁烷也是常用的燃料

三、核能

1. 通常指「核分裂」或「核融合」時所產生的巨大能量。

2. 核反應釋放的能量約為化學反應的百萬倍。

⑴化學反應：$CH_{4(g)} + 2O_{2(g)} \rightarrow 2H_2O_{(l)} + CO_{2(g)}$　$\Delta H = -882.8 \text{ kJ}$

⑵核反應：$^{235}_{92}U + ^{1}_{0}n \rightarrow ^{141}_{56}Ba + ^{92}_{36}Kr + 3^{1}_{0}n$　$\Delta H = -1.68 \times 10^{10} \text{ kJ}$

3. 核分裂：利用慢中子來撞擊重核（如鈾 $^{235}_{92}U$、$^{239}_{94}Pu$ 鈽等），中子進入重核形成複合核，此核不穩定會分裂成兩個較小的核及兩個或兩個以上的中子，並放出大量的能量。其產生出來的中子又與其它的重核反應形成連鎖反應。

$^{235}_{92}U + ^{1}_{0}n \rightarrow ^{141}_{56}Ba + ^{92}_{36}Kr + 3^{1}_{0}n + $ 能量

4. 核融合：是利用較輕的原子核融合成一個較重的原子核，並放出大量的能量。

如：$^{2}_{1}H + ^{3}_{1}H \rightarrow ^{4}_{2}He + ^{1}_{0}n$　$\Delta H = -1.7 \times 10^{9} \text{ kJ}$

※註：核反應式遵守質量數守恆及核電荷守恆。

5. 目前核能反應的和平用途主要是在於發電,其發電量約佔全世界總用電量的百分之五。

6. 核能發電的隱憂:

(1)近來多次核能電廠的意外事件,使人們產生疑慮及恐慌。

(2)核廢料的處理是核能發電的最大難題,且核反應的過程中,須引入大量的冷卻水以降低反應爐的溫度,排放則造成熱汙染;所產生大量的輻射線及放射性物質,若未處理完善,將會造成環境污染。

(3)地球上核能燃料的含量也和化石燃料一樣,會有枯竭的一天。

四、其它能源

1. 太陽能發電:

(1)太陽能發電可分為太陽光發電及太陽熱發電兩種。

(2)太陽能基本上是取之不盡用之不竭的,是免費且無污染的。因此不論從能量或是環保觀點而言,太陽能是未來最值得開發也是最具潛力的能源。

2. 水力:

(1)太陽能使水蒸發,水蒸氣進入大氣層中冷卻形成雪或雨下降至高處地面,此時水具有位能,可轉變成機械動力或電能。

(2)水力發電不會造成環境污染,且發電動力來源——水,可循環使用。

(3)水力發電需廣大面積的土地來作為儲水之用,且興建水庫會造成生態環境的改變。因受地形限制,河川短促,雨量分配不均,水庫興建地點難覓,所以難有突破性的開發。

3. 地熱:

(1)相對於許多能源,地熱算是最廉價的,因此極具發展潛力。

(2)高溫水蒸氣可溶解許多礦物質,因此當熱泉湧出地面時,常夾帶大量的礦物質流入河川、湖泊,且常伴隨硫磺氣及二氧化硫的外洩,這些氣體不僅具有毒性,更可能造成酸雨危害生態環境。

4. 風力發電:利用風車輪軸上的葉片隨風轉動,直接帶動發電機而發電,如臺灣沿海地區已架設許多風力發電機組。

5. 海洋能
   (1)潮汐發電係指利用潮汐的週期中高低潮的變化來發電。
   (2)海洋波浪發電是指當海浪衝擊，推動岸邊的水力發電機，並轉換成電能。
   (3)海洋洋流發電是利用洋流推動海底的發電機來發電。
6. 生質能
   (1)定義：有機物經化學反應後，產生能源加以應用，如糞便、農作物殘渣、垃圾及廢棄物等。
   (2)可經由直接燃燒作為能源，或由微生物的厭氧分解反應而產生沼氣（主要成分為甲烷）後再行應用。

類題 1

下列有關能源的敘述，何者正確？（應選 3 項）
(A) 煤、石油和天然氣都屬於化石燃料
(B) 太陽能電池是利用光能產生電流，理論上不消耗物質
(C) 核能是指核分裂或核熔合時所產生的能量，並遵守質量不滅定律
(D) 潮汐發電、波浪發電、洋流發電、海洋溫差發電等均屬於海洋能源
(E) 氫氧燃料電池的發電原理與傳統的水力發電相同，兩者在其發電過程中均不汙染環境。
（99 學測）

【答案】ABD

【解析】(C)錯誤；核反應在反應前後各粒子的質量總和並不一樣，即不遵守質量守恆定律，但遵守質能守恆定律；(E)錯誤；水力發電是利用水的位能轉換成動能，再將動能轉換為電能；氫氧燃料電池是從外部分別通入氫氣與氧氣於陽、陰兩極，兩者在鹼性溶液的裝置下經氧化還原反應而生成電能，故二者發電原理並不相同。

加油站販售的無鉛汽油都標示著汽油的辛烷值，下列有關辛烷值的敘述，哪幾項是正確的？（應選二項）

(A) 市售九五無鉛汽油含 95%正辛烷

(B) 市售九八無鉛汽油含 98%異辛烷

(C) 市售九二無鉛汽油含 8%正庚烷

(D) 配製辛烷值超過 100 的汽油是可能的

(E) 辛烷值愈高的汽油抗震爆能力愈好。 （95 學測）

【答案】DE

【解析】辛烷值代表汽油抗震爆能力，故市售九五無鉛汽油其抗震爆能力等同於含有 95%異辛烷、5%正庚烷的汽油抗震爆能力相當。一般言之：烷類的辛烷值根據碳鏈之加長而辛烷值降低，支鏈愈多者辛烷值愈高，烯類的辛烷值比烷類高，芳香烴亦有相當高的辛烷值（如苯（C_6H_6）為 114.8），故可配製出辛烷值超過 100 的汽油。

大為老師說故事

清晨加油最省油

　　大為老師平時工作繁忙，即使如此，仍努力保持與兒子女兒相處的機會，每天早晨開車送孩子們上學，已經是多年來的例行工作，因為，在車上相處的時間雖然只有短短半個小時，卻是難得的親子聚會的一個大好時機。

　　高油價時代來臨，在經濟不是很景氣的情況下，大家都拼命想著省油的方法。今天，大為老師的車子又需要加油了，趁著載送孩子們上學的路上，就順道將車子彎進加油站加油。

「小姐，95 無鉛汽油加 1000 元，謝謝！」看著加油計的碼錶數字快速攀高著，大為老師不禁苦笑地搖了搖頭。

「爸，我問您喔，」趁著加油時的空檔，女兒曉諭將頭探出車窗，「我的印象裡面，您加油好像都是趁著一大早的時候加，是這樣子嗎？」

「呵呵，被你發現了，」大為老師笑著回答，「我加油的確都是選在一大早的時候加。」

「為甚麼呢？有特殊原因嗎？」曉諭皺著眉頭。

「當然囉，」大為老師一邊拿出信用卡準備結帳，一邊對著曉諭說道，「你知道物質都會『熱帳冷縮』吧，溫度高的時候，物質體積會增大，溫度低的時候體積則是縮小，但是不論溫度如何變化，質量是保持不變的。」

「那又怎樣？這跟加油有甚麼關係？」

「關係可大著呢！你有沒有發現，我們加油計價，都是以『公升』為單位，也就是以體積計價？」

「沒錯呀，95 無鉛汽油每公升 32.5 元。」

「可是喔，汽油燃燒轉換成能量，是以『每單位質量所產生的能量』來計算的，也就是『物質所產生的能量與其質量成正比』。」

「質量？能量？……」曉諭低著頭想了一下，「爸，您的意思是不是說，當溫度比較高的時候，汽油體積會膨脹而變大，但汽油的質量卻沒有增加，所以，花了比較多的錢，但是所買的汽油所提供的能量卻沒有比較多。」曉諭抬起頭，很有自信地說，「是不是這樣子呢？」

「沒錯，你真聰明，」大為老師開心地摸著曉諭的頭，「的確就是這個原因！一樣的錢所買到的汽油，假設相同都是 50 公升，溫度較低的油，質量就會比較大，所以我選擇在溫度較低清晨加油，這樣子無形之中，就可以省很多錢呢！」

「爸爸你好辛苦喔，」曉諭坐在車上，心疼地對大為老師說，「您這麼辛苦地賺錢養育我們，還要花腦筋錙銖必較，一定很傷腦筋喔。」

「傷腦筋還好啦，只不過，」大為老師蓋好了油箱蓋，坐進車子裡，再度啟動引擎，開動車子，「看到你們漸漸長大，功課表現也不錯，我跟你媽，就是再辛苦，也會覺得很欣慰的！」

題型十六　化學與化工

題型十六　化學與化工

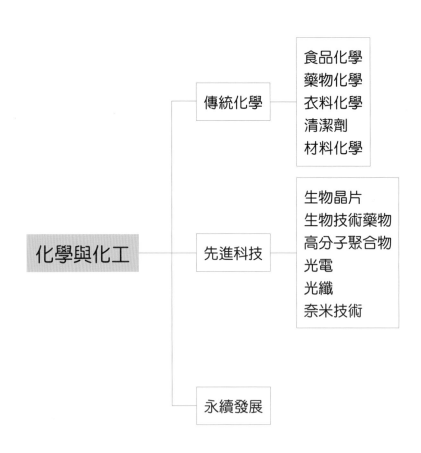

化學需氧量是指用化學方法氧化耗氧有機物所需消耗氧的量，常用以表示水受到耗氧有機物汙染的程度。若化合物的莫耳數相同，則下列何者的化學需氧量最大？ （92 學測）

(A) C_5H_{12}　　　(B) $C_5H_{11}OH$　　　(C) C_4H_9CHO　　　(D) C_4H_9COOH

【答案】A

【解析】(A) C_5H_{12}（戊烷）$+ 8\,O_2 \rightarrow 5\,CO_2 + 6\,H_2O$；

(B) $C_5H_{11}OH$（戊醇）$+ \dfrac{15}{2}O_2 \rightarrow 5\,CO_2 + 6\,H_2O$；

(C) C_4H_9CHO（丁酮）$+ 7\,O_2 \rightarrow 5\,CO_2 + 5\,H_2O$；

(D) C_4H_9COOH（丁酸）$+ \dfrac{13}{2}O_2 \rightarrow 5\,CO_2 + 5\,H_2O$；

因反應物相同莫耳，所以可推估氧的係數愈高者，化學需氧量愈高。

在環保意識抬頭的社會普遍共識下，本題型已成為必考之重點！除常考現在常見的化學或化工科技，環境汙染防治與探討也是重要題型之一，其中BOD與 COD 的計算與觀念，會結合莫耳等化學計量，必須注意。

大為老師告訴你正確觀念

優「氧」化還是優「養」化？

水質「優一尢ˇ化」的「一尢ˇ」到底是「氧」或是「養」？這個爭議甚至連教科書都出現過。試想：水質「優一尢ˇ化」是不好的，那如果水的含氧量高，水質何來不好之云？應該是水中所含「養」份過多，造成藻類大量孳生，破壞水質。

一、食品化學

（一）茶的分類：

1. 茶是茶樹的嫩葉和芽經加工製成，依製法不同可區分為：不發酵茶（生茶）、半發酵茶（半熟茶）及發酵茶（熟茶）三大類。

   (1)不發酵茶：直接將茶葉烘焙，氣味較清香且色澤較淡，如綠茶。

   (2)半發酵茶：茶葉發酵一半就進行焙製，顏色在發酵茶與不發酵茶之間，如烏龍茶。

   (3)發酵茶：茶葉先發酵再焙製，顏色較深，如紅茶、普洱茶。

2. 茶的化學：

   (1)茶葉中的主要成分有咖啡因（caffeine，$C_8H_{10}N_4O_2$）、茶鹼($C_7H_8N_4O_2$)、單寧、葉綠素和結構類似咖啡因的嘌呤及少量的維生素 B 及 C 等。茶葉中各成分量的多寡並不一定，會因品種、產地及茶葉的老嫩及製法不同而有所差異。

   (2)飲茶可以提神是因為茶中含有茶鹼及咖啡因，可對人的生理產生作用。

   (3)咖啡因對神經作用最為強烈，會產生興奮和提神的效果，但大量服用對身體會產生不良的影響。

   (4)茶鹼又稱茶精，對腦的刺激性較弱，但有較強的利尿作用。

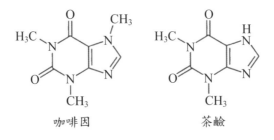

咖啡因　　　　　　　　茶鹼

醋、醬油、茶都是常見的發酵食品

（二）咖啡：

1. 是一種熱帶常綠灌木，其種子即為咖啡豆。將其烘烤後磨碎，加水調製成飲料稱為咖啡。

2. 主要成分除碳水化合物外，尚有 1%～3%的咖啡因及少量的單寧、油脂（咖啡香的來源）和蛋白質。

3. 所含的咖啡因數量比茶高，所以咖啡的提神效果比茶大。

4. 咖啡因的用量很大，每年有數百萬公斤的咖啡因添加在食品中，其中大部分供做清涼飲料，如可樂的添加物中即含有咖啡因。

二、藥物化學

（一）胃藥：

1. 一般人最常見的胃病是胃潰瘍及胃痙攣，常是胃酸過多所引起。因此制酸劑便成為中和胃酸過多的最佳藥物。

2. 制酸劑都是鹼性的金屬鹽，例如氫氧化鋁、氫氧化鎂或碳酸氫鈉。這些鹽在胃內能中和胃酸形成中性鹽。

3. 碳酸氫鈉是一種速效性的制酸劑，有很迅速的制酸效果。但因會產生二氧化碳，造成身體不適，因此較少使用。

4. 氫氧化鋁的鹼性最弱，難溶於水，是一種持續性制酸劑。一般市售胃乳液的主要組成就是氫氧化鋁。

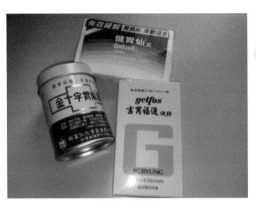

常見的胃藥

（二）消炎劑：

1. 磺胺藥物：種類很多，能抑制細菌的成長，以避免傷口因細菌滋長而潰爛。

2. 抗生素：抗生素是由微生物所生成的物質。常見的抗生素有消炎的青黴素（盤尼西林 penicillin），抵抗大型病毒的四環素（tetracycline）及治療肺結核的利福黴素（rifampin）。

盤尼西林   磺胺

（三）止痛劑：

1. 阿司匹靈（aspirin, $C_9H_8O_4$）：

　　(1)是一種常見而藥性比較溫和的止痛劑，同時也有退燒與消炎的效果。也具有預防心臟病的功效。

　　(2)呈酸性，胃潰瘍病患服用時會導致胃出血。故常混合氧化鋁服用，以增加阿司匹靈的溶解度，使其被吸收的速率加快，而減少胃受刺激的時間。對某些人造成藥物過敏或氣喘，因此在亞洲地區通

常服用乙醯胺基酚的解熱鎮痛劑較為普遍。

阿斯匹靈　　　　　　普拿疼

2. 嗎啡（morphine）：
　　(1)是外科手術中常用的止痛劑。
　　(2)嗎啡是罌粟花的果實經化學處理而得，鴉片中即含有 10%左右的嗎啡。
　　(3)嗎啡具有麻痺疼痛、催眠的效果，並會引起恍惚，經常食用會導致上癮，漸漸引起嗎啡中毒，造成國民健康及社會治安問題。

3. 海洛因（heroine）：
　　(1)化學結構類似嗎啡，更易令人上癮。
　　(2)嗎啡、鴉片、海洛因等均屬毒品，被列為禁藥且不得在市面販售。

三、衣料化學：衣料纖維，分為天然和人造纖維。

	合成纖維	天然纖維
吸水性	差；但易洗快乾，耐酸耐鹼	良好；但洗潔時易破損，且不易乾燥，不耐酸或不耐鹼
維　護	不受蟲害，不變形，可免熨燙，易保持原形	易受蟲害，易變形
穿著性質	不透氣而保溫，但不吸汗而溼熱	會透氣不易保溫，但能吸汗，感受舒適
靜電感應	乾冷氣候，因吸水性差，脫下時有放電現象	因吸水性好，乾冷氣候脫下時，無放電現象
燃　燒	末端捲曲呈球狀小珠	不呈圓球狀

1. 天然纖維：
　　(1)植物纖維：

植物纖維主要有棉、麻，其成分皆為纖維素。纖維素是一種多醣，通式為 $(C_6H_{10}O_5)_n$，屬於碳水化合物，燃燒時無特殊臭味，經加工可製成紡織品的原料。

(2)動物纖維：

常見的有蠶絲與羊毛，其主要成分是角蛋白質，含C、H、O、N、S等元素，燃燒時會發出氨及硫化物的刺激臭味。由於蛋白質是一種營養素，因此動物纖維所製成的衣料，容易發霉及被蟲蛀，遇稀硝酸會變黃色。

3. 人造纖維：人造纖維是利用化學方法製成的纖維。

(1)合成纖維：石油化學產品為原料，經化學聚合作用而得的纖維。

①耐綸：美國杜邦公司在 1928 年所發明。耐綸產品很多，耐綸絲襪為其中一種，因生產成本低且富彈性，很快便取代原以動物纖維為原料的蠶絲襪。

②達克綸：是一種常見聚脂類的合成纖維。除可製作衣服外，也是製造錄音帶中帶子的原料。

③奧龍：是由丙烯腈（ㄐㄧㄥ）聚合而成的合成纖維。其外表和性質都像羊毛，因此又稱為合成羊毛，俗稱奧龍。其強度及保暖性皆不遜於天然羊毛。

④合成纖維有強韌、不起皺、快乾易洗、較耐化學藥品作用、不怕蟲咬等優點，但因吸水性及透氣性較差，且易產生靜電，因此常與棉纖維或毛纖維混紡成市售衣料。

(2)再生纖維：將植物纖維經化學藥品處理成液態時，再經抽絲而得。具有蠶絲光澤及良好的吸水性，易洗、易染色、抗酸鹼，但不易傳熱，韌性低，因此市售衣料常與棉或合成纖維混紡。

排汗衫上的標籤

四、清潔劑

1. 清潔劑包括肥皂和合成清潔劑。

2. 肥皂：

(1)肥皂分子的結構：肥皂是脂肪酸金屬鹽，通式為：

$RCOO^-Na^+$（R 表示 C_nH_{2n+1}，n＝11～17，$-COO^-$表羧酸根）

例如硬脂酸鈉 $C_{17}H_{35}COO^-Na^+$，其結構如圖所示。

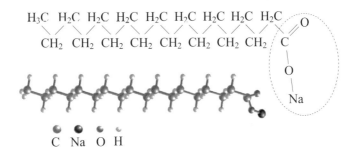

(2)肥皂的製法：

①皂化：將油脂和氫氧化鈉（或氫氧化鉀）混合加熱至沸騰，經一段時間充分反應生成脂肪酸鈉（或脂肪酸鉀）和甘油後冷卻。

②鹽析：加入飽和食鹽水，肥皂不溶於食鹽水而浮於液面即可與甘油分離。

③加工：取出液面肥皂經淨化、添加香料及色素，加工處理即成

市售肥皂。

(3) 肥皂的結構：

肥皂為長鏈分子，如下圖所示。分子碳氫長鏈部分不與水結合，而易溶入油汙，此部分稱為親油性端。另一端以球狀表示的為羧酸根離子，不會與油汙結合而易溶入水中，此部分稱為親水端。

$$CH_3CH_2CH_2CH_2CH_2CH_2CH_2CH_2CH_2CH_2CH_2CH_2CH_2CH_2CH_2CH_2 - \overset{\displaystyle O}{\underset{\displaystyle O^-Na^+}{C}}$$

　　　　　　碳氫長鏈親油性部位　　　　　　　　　　帶電原子團親水性部位

(4) 肥皂的去汙原理：肥皂的去汙主要是表面作用與乳化作用的綜合效應。

a. 表面作用：水分子間內聚力使水成圓形小水珠，當肥皂分子進入水中，具有極性的親水端會破壞水分子的吸引力而使水的表面張力降低，使水分子平均分配在衣物或皮膚表面，甚至滲透進纖維內部，增加了水的潤溼作用。

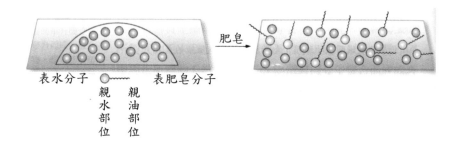

表水分子 ◯　表肥皂分子
　　　　　親　親
　　　　　水　油
　　　　　部　部
　　　　　位　位

b. 乳化作用：肥皂分子親油端侵入油汙，留下親水端伸入水層，再經手的搓揉或洗衣機的旋轉力，將油汙分成微小的油滴，分散於水中。因油滴表面布滿肥皂親水性部分而帶負電，因此不會重新聚在一起成為大油汙，可輕易用清水沖洗乾淨。

(5) 肥皂的缺點：

肥皂會與硬水中的鈣離子或鎂離子作用，生成不溶性的鈣肥皂或

鎂肥皂，俗稱皂垢，而降低肥皂的去汙效果。另肥皂水溶液呈弱鹼性，能溶解動物纖維，故不適合用以洗淨絲織品及毛織品。

3. 合成清潔劑：以石油為原料製成。

   (1)陰離子清潔劑：如洗衣粉為烷苯磺酸鹽，其分子結構與肥皂類似，最大差異在於親水端為磺酸根，因此在硬水中不會與 Ca^{2+} 或 Mg^{2+} 離子形成白色固體沉澱，如十二烷苯磺酸鈉的結構如下：

   (2)陽離子清潔劑：如四級銨鹽（$R_4N^+Cl^-$，R 為 C_nH_{2n+1}），因兼具殺菌功能，通常用於清洗馬桶。

$$CH_3CH_2CH_2CH_2CH_2CH_2CH_2CH_2CH_2CH_2CH_2CH_2 —\!\!\!\bigcirc\!\!\!— SO_3^-Na^+$$

   (3)非離子型清潔劑：其結構如下。優點除了不與硬水中的 Ca^{2+}、Mg^{2+} 離子產生沉澱外，也較不易產生泡沫，是廚房清潔劑的主要成分。

$$CH_3CH_2CH_2CH_2CH_2CH_2CH_2CH_2CH_2CH_2CH_2—C \overset{O}{\underset{O-CH_2CH_2CH_2CH_2-O-CH_2CH_2-O-CH_2CH_2OH}{}}$$

4. 肥皂與清潔劑對環境的影響：

   (1)肥皂結構為直鏈，當排放至河川可被細菌分解，對環境的影響較小。

   (2)合成清潔劑分子中親油基大都含有支鏈，其產生的泡沫不容易被細菌分解，會造成泡沫污染，此種清潔劑稱為硬性清潔劑。如為長鏈之親油基，因沒有分枝，可被細菌分解而除去，不會造成泡沫污染，此類清潔劑稱軟性清潔劑。

哪些清潔劑是屬於天然或是合成，你分辨得出來嗎？

五、材料化學

（一）塑膠：

1. 塑膠的來源：

    ⑴凡由小分子單體經由聚合反應，生成高分子化合物（又稱聚合物），因為它加熱會軟化並可壓塑成型，所以統稱為塑膠。

    ⑵塑膠的原料來自化石原料，如石化工業以輕油進行裂解乙烯，其分子間以不飽和雙鍵進行聚合反應，產生聚乙烯此種聚合物。

2. 聚合方式：單體聚合方式大致可分為兩類。

    ⑴加成聚合：由單體直接連接在一起而形成聚合物，在反應過程中除產生聚合物外，沒有其它小分子釋出。如聚乙烯是由乙烯聚合而成。

    ⑵縮合聚合：由二個帶不同官能基的單體經化學反應，產生聚合物並放出一些小分子。此縮合聚合物之質量必小於原來單體之質量和。如耐綸是由己二醯氯與己二胺經縮合聚合而成。

$$Cl-\overset{\displaystyle O}{\overset{\|}{C}}-(CH_2)_4-\overset{\displaystyle O}{\overset{\|}{C}}-Cl + n\ H-\overset{\displaystyle H}{\overset{|}{N}}-(CH_2)_6-\overset{\displaystyle H}{\overset{|}{N}}-H \longrightarrow$$

己二醯氯　　　　　　　　　　　己二胺

$$Cl-\left[\overset{\displaystyle O}{\overset{\|}{C}}-(CH_2)_4-\overset{\displaystyle O}{\overset{\|}{C}}-\overset{\displaystyle H}{\overset{|}{N}}-(CH_2)_6-\overset{\displaystyle H}{\overset{|}{N}}\right]_n H + (2n-1)HCl$$

耐綸 66

3. 塑膠的種類：

塑膠名稱	單體名稱	聚合方式	簡稱或俗名	特　性	用　途
聚乙烯	乙烯	加成	PE	抗酸鹼、絕緣	袋子、容器、玩具、塗料
聚氯乙烯	氯乙烯	加成	PVC	防水、耐酸鹼、絕緣	雨衣、水管、塑膠布、電線絕緣體、地板
聚苯乙烯	苯乙烯	加成	PS 保麗龍	質輕、易染色、易碎	餐盒、填充材料
聚四氟乙烯	四氟乙烯	加成	鐵氟龍	抗熱、抗化學腐蝕、不易吸附其他物質	不沾鍋塗膜、金屬墊圈、玻璃器材活栓
塑膠玻璃	2-甲基丙烯酸甲酯	加成	壓克力	高透明度	隱形眼鏡、飛機窗戶玻璃
耐綸	1,6-己二胺 1,6-己二酸	縮合	尼龍	具抗張強度、具伸縮性	絲襪、釣魚線、魚網、球拍線、衣料
尿素甲醛樹脂	尿素 甲醛	縮合	電木	受熱不軟化、質輕、絕緣	電器插座、插頭、炊具把手
聚乙烯對苯二甲酸酯	乙烯對苯二甲酸	縮合	PET	透明、耐壓、可回收	保特瓶
達克綸	乙二醇對苯二甲酸	縮合	Dacron	抗皺、抗張、抗蟲蛀、不縮快乾	洋裝、襯衫、窗簾、錄音帶、錄影帶

塑膠名稱	單體名稱	聚合方式	簡稱或俗名	特　性	用　途
聚異戊二烯	異戊二烯	加成	合成橡膠	加硫得加硫橡膠，具良好彈性、不透水性，遇熱不易軟化	汽車輪胎

4. 塑膠廢棄物的隱憂：

　　(1)塑、橡膠製品原料便宜、質輕、加工容易，已是現代生活不可或缺的物質，但用量實在太多，而又不易分解，造成很大的環保問題。

　　(2)近年來科學家研究，在塑膠中加入光催化劑或澱粉，使之較易分解，可減少大量塑膠廢棄物對環境的污染。如加入光催化劑的塑膠於丟棄後，經光照一段時間後可被分解成較小的分子。或加入澱粉於塑膠經一段時間掩埋，可經由細菌分解變成小粒子。

（二）玻璃：

1. 成分：玻璃的主要成分為矽酸鈉與矽酸鈣的混合物。

2. 製造：一般玻璃是由白砂與碳酸鈉或碳酸鈣，經高溫熱熔後，再慢慢冷卻即可得到。

3. 添加物：在製造過程中，添加不同的物質會呈現不同的顏色或性質。加入氧化亞鈷（CoO）呈藍色；加入二氧化錳（MnO_2）呈紫色；加入氧化亞鐵（FeO）呈綠色；加入氧化鐵（Fe_2O_3）呈黃色；加入二氧化錫（SnO_2）呈不透明狀；加入氧化硼（B_2O_3）為派熱斯玻璃，是廚房、實驗室使用的耐熱玻璃。

4. 玻璃的性質：玻璃不耐鹼而耐酸，但氫氟酸會腐蝕玻璃。

三、陶、瓷、磚、瓦：

1. 瓷器：

　　(1)原料：高嶺土（純的黏土）、長石及石英。黏土是含矽及鋁之岩石經長期風化後形成的，主要成分為：$Al_2O_3 \cdot 2SiO_2 \cdot 2H_2O$

　　(2)製造：將原料分別研細之後均勻混合，於適當溫度加水調和，然後塑製成形稱為素坏，風乾後在約 $800°C$ 的窯中加熱約一天，經和

緩冷卻後取出，成為多孔性素瓷。將釉塗於其上，再於大約 1500℃的窯中加熱，釉熔化後會包於素瓷表面，冷卻取出即成瓷器。

2. 陶器：

製法與瓷器過程相同，唯原料為不純的高嶺土（主要雜質是氧化鐵（Fe_2O_3）、氧化鈦（TiO_2）及少量有機物質），能在較低溫約 1000℃下燒成，陶器質粗，不透明呈褐色，是一般餐具、花瓶及衛生設備（馬桶、浴盆）等之材料。

3. 磚瓦：

(1) 原料：紅黏土或黃黏土等較低級黏土與細砂。

(2) 製造：磨碎並加水調勻後成坯，先在空氣中陰乾，最後在瓦窯或磚窯中加熱至 850～1350℃即成。

(3) 但因含有氧化鐵、氧化鈦等雜質，成品常呈棕色及紅色。而其顏色差異是因三價鐵氧化物（如 Fe_2O_3）的含量及冷卻過程不同所致。

六、汙染防治

（一）空氣汙染及防治

種類	汙染物	主要來源	影　響	防治方法
碳的氧化物	CO_2、CO	1. 化石燃料燃燒 2. 引擎廢氣	(1)CO_2是溫室氣體之一，造成地球的溫室效應 (2)CO 有毒性，會使血液失去運送氧氣的能力	(1)減少使用化石燃料，改用低汙染能源 (2)汽機車加裝觸媒轉化器，使 CO 轉變為 CO_2
硫的氧化物	SO_2、SO_3、H_2SO_3、H_2SO_4	化石燃料燃燒產生	生成有毒氣體、酸雨，對人體有害，使森林枯萎、建材腐蝕	(1)工廠排氣前先做脫硫處理 (2)使用含硫量低的燃料

種類	汙染物	主要來源	影　響	防治方法
氮的氧化物	NO、NO_2	引擎高溫時，使空氣中的氮氣和氧氣反應所產生	(1)NO 有毒，亦會與血紅素結合 (2)氮的氧化物會加速臭氧層被破壞 (3)形成酸雨 (4)形成光化學煙霧	汽機車加裝觸媒轉化器，將氮的氧化物還原為氮氣
氟氯碳化物	CF_2Cl_2、$CFCl_3$	噴霧劑和冷媒	破壞臭氧層	使用替代品，如使用 HFC-134a 的冷媒

（二）水汙染及防治

1. 水污染的來源：未處理過的生活污水、農畜污水、工業廢水等。

2. 水污染的害處：

　　(1)家庭污水含有需氧廢料，會降低河川的溶氧量。

　　(2)洗滌水含清潔劑，會產生河、海泡沫污染。

　　(3)農業上使用肥料及殺蟲劑，隨雨水流入河川或水庫。

3. 污水中含有一些毒性較強的金屬及非金屬化合物：

種　類	主要來源	害　處
砷（As）	1. 煤炭和石油產品燃燒，先構成空氣污染，再進入河川； 2. 工業廢水放流至河川； 3. 磷酸鹽中的雜質及噴灑在果樹上的含砷農藥，經雨水沖洗累積在土壤表層。	引起腸胃病變及烏腳病、致癌等
鎘（Cd）	電鍍工廠將廢液未經處理排放，造成嚴重的鎘污染。	高血壓、腎臟損傷、肌肉組織的破壞及痛痛病。
鉛（Pb）	1. 汽油中所加的抗震劑「四乙基鉛」$(C_2H_5)_4Pb$ 2. 油漆及陶瓷釉中的鉛溶解於水中。	腎臟和生殖功能的喪失及中樞神經的傷害。
汞（Hg）	1. 電解工業。 2. 農藥。	引起水俣病導致中毒或死亡。

種　類	主要來源	害　處
農藥	1. 二氯二苯三氯乙烷（DDT）； 2. 巴拉松、卡巴落等。	DDT 使多種生物體內發生病變，影響野生動物的繁殖能力。
清潔劑	家庭	造成泡沫污染。

4. 水污染之種類及量測方法：
    (1)熱污染：因熱量排入河流、湖泊或海洋中，使水中自然生態破壞的污染。
    (2)優養化：因含氮、磷的物質排入水中，造成水中藻類及微生物快速繁殖生長，而耗盡水中的氧氣，造成水中生物死亡而發臭的現象。
    (3)重金屬污染：重金屬及其化合物排放於水中，所造成的污染。
    (4)量測法 OD：需氧量越多，污染越嚴重。
        ①生化需氧量（BOD）：微生物在污水中分解有機廢料所消耗氧的總量。
        ②化學需氧量（COD）：以化學方法氧化污水中所有的廢料，所需要的氧量。
5. 水污染的防制：
    (1)配合一套周延的法令與管制措施，修訂不合時宜的法令規章。
    (2)污染源的減廢方面：應發展高科技低污染性的操作方法及原料，以降低污染產生量，並盡可能作到資源回收工作。
    (3)廢（污）水處理方面：一般廢（污）水處理包括三級。
        第一級：主要以過濾的方法除去固態物質；
        第二級：以除去需氧物質（如有機物）為目的；
        第三級：為專門處理，針對特殊的污染物質選擇特定的方法來處理。
（三）土壤污染與防治
1. 隨意拋棄廢棄物或排放工業廢水，均會造成土壤污染，其中以重金屬及有毒的有機物最為嚴重。

2. 土壤中的污染物容易經由滲入地下水而被飲用，或經植物吸收而傳至生物體內，都會造成中毒或致癌。

3. 避免廢棄物污染土壤或水源的方法為回收再加以利用，或以適當的方法，如掩埋法、焚化法等，加以處理以免造成危害。

（四）原子效率

1. 民眾應加強有關減量使用（reduction）、重複使用（reuse），回收再製（recycling）及再生（regeneration）等環保 4R 意識，使地球資源得以永續使用。

2. 綠色化學或稱永續化學

   (1) 定義：發明、設計和利用化學產品與化學製程，以減少或消除有害物質之使用與生產。其觀念首重落實。

   (2) 設計製造方法時，應盡可能將所有反應物轉變為生成物，以減少廢棄物的產生，即使用原子效率高的製造過程來生產化工產品、設計毒害性低但保持其效能的化學產品，若技術可行並符合效益，應使用再生原料，並優先考慮以觸媒進行反應。

3. 原子效率（%）$= \dfrac{\text{主要產物的質量}}{\text{所有產物的質量總和}} \times 100\%$

七、奈米科技

1. 定義：當物料單元的長、寬或高至少有一個長度介於 $1\sim100$ nm 大小的尺度時，此種原子集團形成的物料就稱為奈米材料。

   PS：奈米為長度的單位，1 奈米（nm）$= 10^{-9}$m，也就是十億分之一米。

2. 特性與應用：

   (1) 當物質小到奈米的尺度時，具有相當高的「表面積／體積」比；使得其活性也隨之增大。

   例：(a) 有些衣物具有殺菌效果就是將常見的布料與奈米銀粒子混紡而成。

   (b) 奈米光觸媒其原料為奈米級的二氧化鈦（TiO_2）粒子，受陽光照射會分解出電子及 TiO_2^+ 而具有殺菌效果。

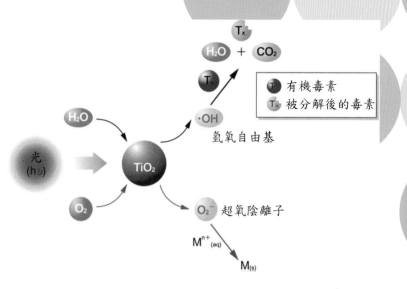

氫氧自由基

超氧陰離子

| | 有機毒素 |
| | 被分解後的毒素 |

(2)奈米材料會由於顆粒尺寸的變化而造成顏色的差異。

例：不同粒徑的奈米磷化銦（InP），其顏色可從綠色到紅色（如下圖）。

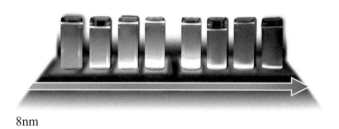

8nm

(3)新的奈米製程可使金屬外殼在不同角度呈現不同的色澤，可以想像具有此種金屬外殼的車子由遠方駛來靠近你時，將可像變色龍般變色。

(4)奈米碳管不僅具有金屬與半導體的性質，而且其彈性及張力強度極高，甚至比鋼絲強上百倍，由於重量極輕，故應用範圍極廣，目前已廣泛應用於電路中的導線、電路開關、平面顯示器等。

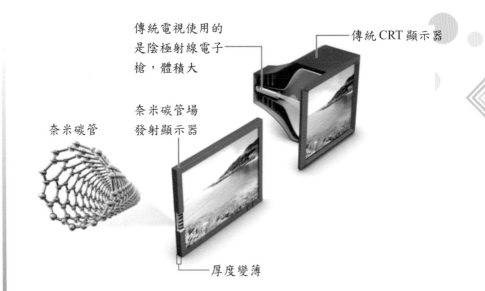

傳統電視使用的是陰極射線電子槍，體積大

傳統 CRT 顯示器

奈米碳管

奈米碳管場發射顯示器

厚度變薄

八、電子科技

（一）超導材料：

　　美籍華人科學家朱經武博士等人，研發了高溫超導材料「釔鋇銅氧化合物（$YBa_2Cu_3O_{7-x}$）」。超導材料目前可應用於高速電腦的零件、磁浮列車及醫療器材 MRI。

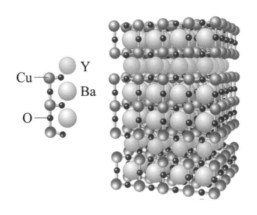

Cu — Y
Ba
O

（二）液晶：

1. 定義：同時具有固態晶體光學特性及液體流動性的有機材料稱為液晶。

2. 特性：液晶分子的形狀大多為柱狀體，其長度不超過 3 奈米；在特定溫度範圍內，當液晶分子受外界因素（電場或磁場）的影響時，其分子的排列模式將產生改變。

3. 應用：當光線穿透液晶分子時，光所折射出的角度就不同，我們便可以看到光線的明暗變化，利用此項特性可以製備液晶顯示器。

（三）有機發光二極體（organic light emitting diode, OLED）：

具有自發光性、低耗電、亮度鮮明、可曲折的特性，未來將有體積更輕薄、尺寸更大、色彩更艷麗、攜帶更方便的液晶顯示器。

九、生物科技與其它

1. 生物晶片

 (1)生物晶片（英語：biochip）是運用基因資訊、分子生物學、分析化學等原理進行設計，以矽晶圓、玻璃或高分子為基材，配合精密加工技術，所製作之高科技元件，具有快速、精確、低成本之生物分析檢驗能力。

 (2)目前發展中之生物晶片可大略分成兩類：

 ①基因晶片（gene chip or DNA microarray）：基因晶片是所有不同種類之生物晶片中發展最快的一種。指的是在數平方公分之面積上安裝數千或數萬個核酸探針，經由一次測驗，即可提供大量基因序列相關資訊。

 ②實驗室晶片（Lab-on-a-chip）：包括可以進行電泳分析之毛細管電泳晶片，或是可以從細胞中純化核酸之樣品前處理晶片等。已有微電泳晶片上市。

2. 生物技術藥物

 (1)癌症標靶藥物

 ①以細胞表面標記及各種訊息傳遞途徑之作用分子做為標靶，目前已成為腫瘤治療的新趨勢。

 ②目前腫瘤標靶治療的目標包括：抗血管新生（anti-angiogenesis）、訊息傳遞（signal transduction）阻斷、針對細胞表面抗原的治療等。

　③標靶治療的優點在於運用於致病原因有關的分子生物學知識，發展出具專一性、安全性的治療方式。

(2)其他如帕金森氏症、疫苗、抗體、激素、抗血栓因子、基因治療劑等，都是生技藥物發展方向與趨勢。

3. 光纖

光導纖維，簡稱光纖，是一種可以讓光在玻璃或塑料製成的纖維中達到全反射原理傳輸的光傳導工具。通常光纖的一端的發射裝置是使用發光二極體或一束雷射將光脈衝傳送至光纖，而光纖的另一端可進行接收脈衝。由於光在光纖的傳輸損失比電在電線傳導的損耗低得多，更因為主要生產原料是矽，所以價格便宜。除被用作長距離的資訊傳遞工具，隨著光纖的價格進一步降低，光纖也被用於醫療和娛樂的用途。

4. 高分子聚合物

(1)碳氟化物做成人工血液。

(2)人工血管是用聚氨基甲酸酯、聚酯或聚四氟乙烯等高分子材料所做成的。

(3)矽膠可以做為人工瓣膜與整形材料。

大為老師請你動動腦

　　「液晶」的狀態是介於固態與液態之間，那麼「電漿」這個狀態又是在哪一個位置？

類題 1

除了傳統感冒藥外，現今藥房也販售「沖泡式」感冒藥。這類藥劑若經溫水調和，杯中會有氣泡，頗具創意，飲用也稱便利。試從下列(A)～(J)的物質中挑選出最合適者，作為問題(1)～(3)的答案。

(A) 多醣　(B) 嗎啡　(C) 苯甲酸　(D) 咖啡因　(E) 纖維素

(F) 檸檬酸　(G) 氧化鋁　(H) 阿司匹靈　(I) 碳酸氫鈉　(J) 氫氧化鎂

(1)上述哪一物質可能是傳統感冒藥劑的最主要成分？

(2)沖泡式感冒藥劑之所以會有氣泡，是因其含有檸檬酸以及另一成分。試問這另一成分是哪一物質？

(3)部分感冒藥服用後往往會令人昏昏欲睡，為了減輕此一副作用，有些感冒藥會添加少許合法的興奮劑。試問上述物質中的哪一個，最有可能為此興奮劑？　　　　　　　　　　　　　　　　　　　　　（93 學測）

【答案】(1) H；(2) I；(3) D

【解析】(1)非麻醉性止痛劑阿司匹靈，為傳統感冒藥常用的主要成分，學名為乙醯柳酸，有解熱、鎮痛的主要作用

　　　　(2)碳酸氫鈉遇酸性生成二氧化碳：$HCO_3^-{}_{(aq)} + H^+{}_{(aq)} \rightarrow CO_{2(g)} + H_2O_{(l)}$

　　　　(3)咖啡因（$C_8H_{10}N_4O_2$）在身體內可刺激神經去引起情緒的亢奮，在醫藥上可供作興奮劑以及利尿劑之運用，皆屬於合法的興奮劑。每年有數百萬公斤的咖啡因添加在食品中，其中大部分是供作清涼飲料（如可樂）添加物之用

單層奈米碳管是一個由單層石墨所形成的中空圓柱型分子。下圖為無限奈米碳管的一部分，若按圖所示的方式將單層石墨捲曲成一直徑為 1.4 奈米（或 1400 皮米）的奈米碳管，則沿圓柱型的圓周繞一圈，需要多少個六圓環？〔已知石墨中的碳-碳鍵長約為 1.42 埃（或 142 皮米）〕

(A) 14　　　(B) 18　　　(C) 22　　　(D) 26　　　(E) 30。　（96 指考）

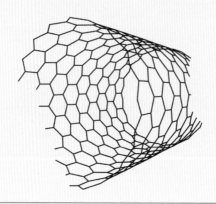

【答案】B

【解析】

六邊形邊長 = 142pm，1 個六圓環占圓周之長度　$1 = \dfrac{142}{2} \times \sqrt{3} \times 2$

$= 249$（pm）

$2r = n \times 246$，$3.14\,(\pi) \times 1400 = 246n$，$n = 17.9$ 取整數 $= 18$

大為老師小叮嚀

　　這個範圍內容大多是新科技，除了日常生活中常見的內容之外，比較專業的新科技大多會編入題組來測驗考生，所以大家只要熟記觀念即可。

題型十七　氣體的性質與分壓

題型十七　氣體的性質與分壓

已知笑氣 N_2O 分解生成 N_2 和 O_2 為一級反應，其半衰期為 t。若將 8 大氣壓的 N_2O 置於一固定體積及溫度的容器中，試問經過 t 時間後，此系統之總壓力變為幾大氣壓？　　　　　　　　　　　　　　　（91 指定）

(A) 4　　　　　　(B) 8　　　　　　(C) 10　　　　　　(D) 12。

【答案】C

【解析】　　　　　　　　　$2N_2O \rightarrow 2N_2 + O_2$

原先壓力	8		
經半衰期	-4	$+4$	$+2$
平衡	$+4$	$+4$	$+2$

容器內總壓 $= 4 + 4 + 2 = 10$

解題切入觀點

氣體重點除了三大定律、理想氣體之外，道耳吞的分壓定律與格瑞目擴散定律也是常見的考題。分壓定律與理想氣體的關係密切，所以在研讀必須配合理想氣體（下一個題型）的內容來思考。

道耳吞（Dalton, John, 1766-1844）

1. 氣體通性：高速氣體分子運動，分子相距最遠。冷卻之後體積變小，再冷卻氣體液化。可壓縮、可擴散、可膨脹

2. 格銳目（T. Graham）定律

    (1)內容：同溫同壓下，氣體擴散或逸散速率與氣體密度成反比。

    (2)公式：

    $$\frac{V_1}{V_2} = \sqrt{\frac{d_2}{d_1}}$$

    又∵密度與質量成正比，

    $$\therefore \frac{V_1}{V_2} = \sqrt{\frac{m_2}{m_1}}$$

3. 道耳吞分壓定律

    (1)內容：混合氣體總壓力為各成份氣體總壓力總和。

    (2)公式：$P = P_A + P_B$；$P_A = = PX_A$（X_A 為莫耳分率）

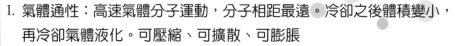

類題 1

已知甲烷的擴散速率為 X 氣體之 2 倍，但為 Y 氣體之 2.5 倍。取兩個完全相同之真空容器，一個通入 3.2 克之 X 氣體，並保持在 27℃。另一個通入 2.5 克之 Y 氣體，如欲使此二容器具有相同之壓力，則含 Y 氣體之容器，其溫度應控制在幾度？

(A) 27℃　(B) 127℃　(C) 150℃　(D) 327℃　(E) 600℃。　　（93 指考）

【答案】D

【解析】此題結合格銳目擴散定律及理想氣體方程式的計算題。

$$\begin{cases} \text{格銳目擴散定律：} \dfrac{v_1}{v_2} = \dfrac{\sqrt{M_2}}{\sqrt{M}} \\ \text{理想氣體方程式：} PV = nRT \end{cases}$$

(1)先求格銳目擴散定律計算出 X 氣體 Y 氣體之分子量比

$$\frac{v_{甲烷}}{v_X} = \frac{\sqrt{M_X}}{\sqrt{16}} = 2 \quad \frac{v_{甲烷}}{v_Y} = \frac{\sqrt{M_Y}}{\sqrt{16}} = 2.5$$

$$M_X : M_Y = 16 : 25$$

(2)再代入理想氣體方程式：$PV = nRT$

因 P（壓力）、V（體積）、R（理想氣體常數）相同　故 T 正

比於 $\frac{1}{n}$

則 $\dfrac{T_X}{T_Y} = \dfrac{n_Y}{n_X} \Rightarrow \dfrac{273+27}{273+t} = \dfrac{\frac{2.5}{25}}{\frac{3.2}{16}} \Rightarrow t = 327℃$

題型十七　氣體的性質與分壓

大為老師告訴你正確觀念

輪胎需要常打氣，也常容易爆胎，為何不使用「實心」輪胎？

當然不行的確，早期的汽車跟馬車都是用實心的輪子，但是現在的車子重量與速度都是以前的汽車或馬車的好幾倍，所以不能相提並論。

實心胎除了浪費材料，最大的缺點，就是彈性不夠，受壓的話幾乎都不會變形，如此與路面摩擦而會磨損的相當快；而裝氣體的輪胎比較容易變形，不但耐磨，受力之後會用變形抵銷來自路面的阻力，而這種阻力（也就是顛頗的感覺）較不容易上傳給車身，搭乘起來的舒適感較佳。另外，打氣輪胎會因為載重或速度變化而變形（理想氣體方程式運用）會產生不同的接觸面積，所以抓地力也比較好。

另外，如果要空運汽車或自行車，記得要將輪胎放氣。因為高空氣壓低，輪胎內氣體體積會變大，如果你不事先放氣，恐怕下飛機之後你就要馬上為你的愛車重新換上新輪胎了。

題型十八　氣體三大定律與理想氣體

題型十八　氣體三大定律與理想氣體

氣體的定量關係
PVnT

定 T 定 n　PV 反比　波以耳定律

定 P 定 n　VT 正比　查理定律

定 T 定 P　Vn 正比　亞佛加厥定律

理想氣體

理想氣體方程式
PV ＝ nRT

tw.myblog.yahoo.com/wwb666

範 例

下列有關理想氣體的敘述，何者正確？

(A) 定壓時，定量氣體的溫度每改變 1℃，其體積改變了它在 0℃時體積的

(B) 定溫時，定量氣體的體積與壓力的平方根成反比

(C) 定壓時，定量氣體的體積與攝氏溫度成正比

(D) 定溫定容時，混合兩種互不反應的氣體，其總壓力是各成分氣體分壓的和

(E) 定溫定壓時，混合兩種不反應的氣體，其總體積是各成分氣體體積的和

（90 學測）

【答案】AD

【解析】(B) P 正比 $\dfrac{1}{V}$；(C) V 正比 T（絕對溫度，K）；(E)不等於各成分氣體體積的和。

解題切入觀點

要對氣體三大定律熟悉（波以耳、查理、亞佛加厥），並結合為「理想氣體方程式」。「理想氣體」與「真實氣體」的差異性亦應瞭解。

波以耳
（Robort Boyle, 1635~1703）

亞佛加厥
（Amadeo Avogadro, 1776~1856）

一、波以耳定律

1. 定義：定溫定量氣體的壓力與體積成反比。

2. 公式：

   (1) $PV = n$（常數）

   (2) $P_1 V_1 = P_2 V_2$

二、查理定律

1. 內容：

   (1) 定壓下，溫度每改變 1℃，任何氣體的體積變化為 0℃時之 1/273。給呂薩克提出，故本定律又稱「查給定律」。

   (2) 定壓定量氣體體積與絕對溫度成正比。

2. 公式：

   (1) $V_t = V_0 (1 + 1/273)$ 且 $V_t / V_0 = T_t / T_0$

   (2) $V = kT$

三、亞佛加厥定律

   (1) 同溫、同壓、同體積之任何氣體含有相同分子數。即相同條件下，氣體體積與分子數（莫耳數）成正比。

   (2) 公式 $V_1 / V_2 = n_1 / n_2$

四、理想氣體

1. 依據的定律：

   (1) 波以耳定律：V 與 P 反比（T、n 定值）；

   (2) 查理定律：V 與 T 正比（P、n 定值）；

   (3) 亞佛加厥定律 V 與莫耳數正比（T、P 定值）；

   綜上得理想氣體方程式： $PV = nRT$

2. 理想氣體與真實氣體

   (1) 如 H_2 或 CH_4 等分子作用力小者，較接近理想氣體。

   (2) 同一氣體溫度越高，較接近理想氣體。

   (3) 沸點越低之氣體（如 H_2 或 He 等），較接近理想氣體。

類題 1

在一個體積可調整的反應器中，於 27 ℃、1 大氣壓，注入 10 毫升的 A_2 氣體與 30 毫升的 B_2 氣體（A 與 B 為兩種原子）。假設恰好完全反應，產生甲氣體，已知甲的分子式與其實驗式相同，將所生成的甲氣體降溫至 27 ℃，並將體積調整為 10 毫升時，反應器中的壓力變為幾大氣壓？

(A) 0.5　　(B) 1.0　　(C) 1.5　　(D) 2.0　　(E) 3.0　　（99 學測）

【答案】D

【解析】在氣體系統中反應的體積比＝方程式的係數比，利用原子不滅定律，可求方程式可能為 $A_2 + 3 B_2 \rightarrow A_2B_6$ 或 $A_2 + 3 B_2 \rightarrow 2 AB_3$，已知甲的分子式與實驗式相同，推出甲是 AB_3，方程式應為 $A_2 + 3 B_2 \rightarrow 2 AB_3$，反應生成 20ml 的 AB_3；在同溫、同量下，將體積調整為 10ml，即體積變為原來的 1/2 倍，則壓力變為原來的兩倍。

理想氣體方程式的運用並請你動動腦：

一、氣體分子量測定

$$PV = nRT \rightarrow PV = (w/M)RT \rightarrow PM = (w/V)RT \rightarrow PM = dRT$$

例：$25°C$、770mm-Hg，某固體 X 有 2.3g，與 10g 水反應產生 500mL 氣體 Y，殘留固體與水重 11.76g，求 Y 分子量？

二、混合氣體分子量（需配合莫耳分率觀念）

$$M 混 = M_1X_1 + M_2X_2 + M_3X_3 + \cdots.$$

PS：X 表莫耳分率（氣體莫耳數 n_1 佔所有氣體莫耳總數的比例：$X_1 = n_1/n_1 + n_2 + n_3 + \cdots.$）

例：$27°C$、1atm，CO 與 CO_2 混合氣體 2L，重量為 3.24g，求 CO_2 之莫耳分率？

三、求條件改變後各變因之變化（為定量關係）

例：有氫氣球，$25°C$、1atm 在地面體積為 800mL，當氣球飄至氣壓為 720mm-Hg、$5°C$ 的高空，體積變為若干？

四、混合氣體起反應：

求反應後氣體莫耳數，代入 $PV = nRT$，剩餘之液體與固體之體積忽略不計，如

$HCl_{(g)} + NH_{3(g)} \rightarrow NH_4Cl_{(s)}$，莫耳數變小。

$2NO_{(g)} + O_{2(g)} \rightarrow 2NO_{2(g)}$，莫耳數變小。

$H_{2(g)} + F_{2(g)} \rightarrow 2HF_{(g)}$，莫耳數不變。

$N_2O_{4(g)} \rightarrow 2NO_{2(g)}$，莫耳數變大。

例：$0.5mol.HCl_{(g)}$ 與 $0.2mol.NH_{3(g)}$ 置入 1L 密閉容器中，求 $27°C$ 時之壓力？

題型十九　反應速率定律

題型十九　反應速率定律

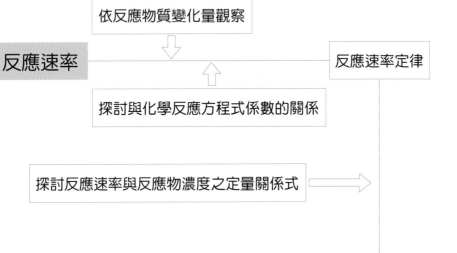

化合物 $A_{(g)}$ 與 $B_{(g)}$ 反應生成 $C_{(g)}$，其反應式如下：

$2\,A_{(g)} + 2\,B_{(g)} \rightarrow 3\,C_{(g)}$（已知此反應的反應速率式可表示為 $r = k[A]^2[B]$）。

王同學做了兩次實驗。第一次將化合物 $A_{(g)}$ 及 $B_{(g)}$ 各 0.1 莫耳置於一個 500 毫升的容器中反應。在相同的溫度下，做第二次實驗，將 0.2 莫耳的化合物 $A_{(g)}$ 及 0.1 莫耳的化合物 $B_{(g)}$ 置於一個 1000 毫升的容器中反應。試問第二次實驗的反應初速率為第一次的幾倍？　　　　　　　(96 指考)

(A) $\dfrac{1}{8}$　　　　(B) $\dfrac{1}{4}$　　　　(C) $\dfrac{1}{2}$　　　　(D)不變　　　　(E) 2

【答案】C

【解析】第一次實驗可推出反應速率：$r_1 = k \times \left(\dfrac{0.1}{0.5}\right)^2 \times \left(\dfrac{0.1}{0.5}\right)$ ……(1)

第二次實驗可推出反應速率：$r_2 = k \times \left(\dfrac{0.2}{1}\right)^2 \times \left(\dfrac{0.1}{1}\right)$ ……(2)

$(1) / (2) \Rightarrow \dfrac{r_1}{r_2} = \left(\dfrac{0.2}{0.2}\right)^2 \times \left(\dfrac{0.2}{0.1}\right)$

可得 $= \dfrac{r_2}{r_1} = \dfrac{1}{2}$

解題切入觀點

速率定律式的求法是考試一大重點，可以依實驗數據求得，若已求得速率定律式，將數據代入可得速率常數 k，並求得反應速率。

一、反應速率測量：

1. 依反應物或生成物最容易觀察其變化者。
2. 若兩邊係數和相同的反應則不能用<u>壓力法</u>與<u>體積法</u>測之。

二、速率定律式：

1. 定義：反應速率與反應物濃度之定量關係式。
2. 表示：

   反應 $aA + bB \rightarrow cC + dD$

   反應速率 $r = -\Delta[A]/\Delta t = k[A]^m[B]^n = k \times P_A^m \times P_B^n$

   (1)反應級數：對 A 為 m 級、對 B 為 n 級、對全反應為 m＋n 級，勻相反應中反應速率與反應物濃度之某次方成正比。m、n 為實驗求得，並非係數。m、n 可能為 0、整數、分數，但最常見為小的正整數。

   (2)速率常數 k，實驗求得

   　①影響因素

   　　A. 反應物種類（活化能）：活化能越高，k 值越小，反應速率越慢。

   　　B. 溫度：溫度越高，k 值越大，不論吸放熱反應。

   　　C. 催化劑：k 值越大，反應速率越快。

   　②不影響之因素：濃度、壓力、反應熱。

將反應物 A 和 B 各 0.040 M 置於一密閉容器中，使其反應生成 C，反應過程中各物種濃度隨時間的變化如圖所示。下列有關此反應之敘述何者錯誤？

(A) 此反應可表示為 A + 3B → 2C

(B) 當 B 和 C 的濃度相同時，A 的濃度約為 0.032M

(C) 此反應初速率的絕對值大小順序為 B > C > A

(D) 在圖中 B 和 C 的交點處，B 的消耗速率與 C 的形成速率相同

(E) 此反應平衡時的濃度大小順序為 A > C > B　　　　　（98 指考）

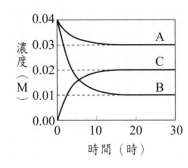

【答案】D

【解析】(A) 0 至 20 秒時

$$-\Delta[A]：-\Delta[B]：\Delta[C]$$

$$=(0.04-0.03)：(0.04-0.01)：(0.02-0)$$

$$=1：3：2$$

　　可得 A + 3B → 2C

(B)由方程式：

A + 3B → 2C

初　　0.04　　　0.04

末　0.04－x　0.04－3x　2x

當[B]＝[C]，則 0.04－3x = 2x，x = 0.008

故[A] = 0.04－0.008 = 0.032 (M)

(C)由方程式係數可知

　　$r_A : r_B : r_C = 1 : 3 : 2$，故 $r_B > r_C > r_A$

(D)由圖中 B、C 交點處 此時[B]＝[C]，非速率 $r_B = r_C$

(E)為平衡狀態（即濃度不再改變時）

　　[A]＝0.03 M，[B]＝0.01 M，[C]＝0.02 M

　　可得[A] > [C] > [B]

學測化學必考的22個題型

大為老師請你動動腦

適用於滴定實驗的反應，反應速率通常較快抑或較慢？

題型二十　反應速率模型與影響因素

題型二十　反應速率模型與影響因素

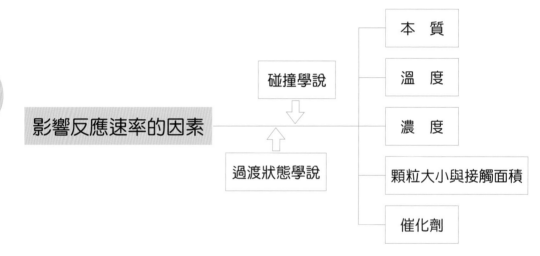

範 例

環丙烷在高溫時可轉變成丙烯，反應熱為－33 kJ/mol，活化能約為270 kJ/mol。若同溫時，環丙烷與丙烯之動能分布曲線幾近相同，試問下列哪一圖示可定性描述上述反應中，正向與逆向反應在不同溫度下的動能分布曲線？（垂直虛線為反應所需之低限能值） （97 指考）

(A)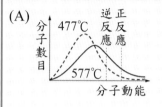

(B)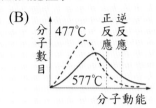

(C)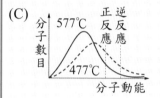

(D)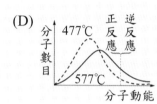

(E)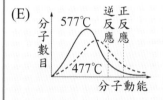

【答案】A

【解析】$\Delta H = Ea_{正} - Ea_{逆}$，可得 $33 = 270 - Ea_{逆}$，

故 $Ea_{逆} = 237 \Rightarrow Ea_{正} > Ea_{逆}$，又因溫度提高，動能分布曲線向右移，且較寬較平，故選(A)

解題切入觀點

必須瞭解反應熱與正逆活化能之間的關係：$\Delta H = Ea_{正} - Ea_{逆}$。又活化能（位能）與低限能（動能）定義不同。

一、碰撞理論

1. 反應的發生必須粒子互相碰撞，但碰撞而反應成功的機率並不高。

2. 有效碰撞條件：有效碰撞多為二粒子碰撞，三粒子機會不高，大於三粒子碰撞之反應至今尚未發現。

   (1) 碰撞粒子必須有足夠動能（超越低限能：即有效碰撞所需之最低能量）。

   (2) 需具適當位向。

3. 活化能（Ea）觀念：反應粒子生成活化錯合物所須之能量稱為活化能。反應熱與正逆活化能之間的關係：$\Delta H = Ea_正 - Ea_逆$。

4. 活化能性質

   (1) 大小只隨反應物種類有關。

   (2) 活化能越高，反應速率越大。

   (3) 一般化學反應活化能必 > 0。但放射性元素之衰變其活化能 $= 0$。

   (4) 活化能與低限能之能值相同，但一為位能一為動能，意義不同。

   (5) 活化能與反應途徑<u>有關</u>，途徑改變，正逆方向之活化能同時改變，反應速率亦改變，但反應熱不變。

二、影響反應速率因素：

1. 本質

   (1) 反應中若無涉及鍵結的破壞的反應較快，尤以不需要電子轉移的反應最快。

   (2) 通則：中和 > 離子沉澱 > 錯離子形成 > 簡單氧化還原 > 複雜氧化還原 > 有機反應 > 室溫燃燒

2. 濃度

   濃度越高碰撞次數越多反應速率越快。

3. 顆粒大小（接觸面積）

   顆粒越小（接觸總面積越大）反應速率越快。固相反應物粉碎為更小的顆粒。邊長切割為原來之 $1/n$，總表面積增為 n 倍，反應速率增為 n 倍。

4. 溫度

不論吸熱或放熱反應，溫度升高反應速率均增加。

5. 催化劑

(1) 定義：參與反應但反應後本身不改變的物質，不會出現在全反應式中。

(2) 原理：提供低活化能的途徑。

雖分子動能不變，但因動能可達到反應所需最低能量之分子數目增加，故速率加快。

(3) 特性：

① 參與反應，但無消耗。

② 正逆反應活化能均變小，故正逆反應均變快，但不能改變平衡（結果）。亦不改變熱含量（反應熱）。

③ 可重複使用，且濃度或接觸面積越大效果越好。

④ 具專一性。

⑤ 相同反應物使用不同催化劑，可能產生不同產物。

(4) 功能：等量降低正逆反應活化能、改變反應機構、使正逆反應速率等倍率增加、縮短平衡時間。

(5) 催化劑無法改變：反應熱、分子動能分佈、移動平衡位置。

冰箱提供溫度低的環境食物不易腐壞

氣體粒子在容器內的移動速率隨著溫度的升高而增快，單位時間內的碰撞次數也隨之變大，參與反應的粒子比例也跟著增大，氣體粒子在不同溫度 T_1、T_2 及 T_3 下，其移動速率及粒子數目分布曲線的示意圖如附圖。下列敘述何者正確？ （94 學測）

(A) 溫度高低順序：$T_3 > T_2 > T_1$

(B) 溫度高低順序：$T_2 > T_1 > T_3$

(C) 在同溫時，每一個氣體粒子移動的速率均相同

(D) 溫度升高後，具有較高動能的粒子數目增加，因此反應速率增快

(E) 溫度升高後，具有較高動能的粒子數目減少，因此反應速率增快

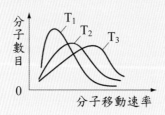

【答案】AD

【解析】反應溫度增加時氣體動能增加且移動速率增加。

下列哪一選項混合物，在常溫、常壓共存時，<u>不易</u>引起化學反應？

(A) $AgNO_{3(aq)}$、$KNO_{3(aq)}$、$K_2CrO_{4(aq)}$

(B) $NO_{(g)}$、$N_{2(g)}$、$O_{2(g)}$

(C) $H_{2(g)}$、$O_{2(g)}$、$N_{2(g)}$

(D) $CO_{(g)}$、$CO_{2(g)}$、$Ca(OH)_{2(aq)}$

(E) $H_2O_{(l)}$、$Na_{(s)}$、$C_2H_5OH_{(l)}$ （97 學測）

【答案】C

【解析】(A) $Ag^+_{(aq)} + CrO_4^{2-}_{(aq)} \rightarrow Ag_2CrO_{4(s)} \downarrow$

沉澱反應（反應極快！約千分之一秒反應）

(B) $2NO_{(g)} + O_{2(g)} \rightarrow 2NO_{2(g)}$

為自發反應（約 7～8 秒）

因反應物為不安定狀態，活化能低，可於室溫下發生「自發性反應」

$N_{2(g)} + 2O_{2(g)} \rightarrow 2NO_{2(g)}$

燃燒反應（速率極慢）

有機反應、燃燒反應，活化能太高，在室溫下反應極為緩慢

(C) $H_{2(g)}$、$O_{2(g)}$、$N_{2(g)}$

$N_{2(g)} + 2O_{2(g)} \rightarrow 2NO_{2(g)}$

燃燒反應（速率極慢）

$2H_{2(g)} + O_{2(g)} \rightarrow 2H_2O_{(g)}$

燃燒反應（速率極慢）

有機反應、燃燒反應，活化能太高，在室溫下反應極為緩慢

(D) $CO_{(g)}$、$CO_{2(g)}$、$Ca(OH)_{2(aq)}$

$Ca(OH)_{2(aq)} + CO_{2(g)} \rightarrow CaCO_{3(s)} \downarrow + H_2O_{(l)}$中和反應、沉澱反應（速率快）

(E) $C_2H_5OH_{(l)}$、$Na_{(s)}$、$H_2O_{2(l)}$

$C_2H_5OH_{(l)} + Na_{(s)} \rightarrow C_2H_5ONa$

有機金屬反應（速率快）

$Na_{(s)} + H_2O_{2(l)} \rightarrow$ 注意危險易爆炸！

奶粉製成粉末狀，可以加快溶解速率

大為老師請你動動腦

Q1：鐵可以在空氣裡輕易被點燃嗎？

　　※取一些鋼絲絨，並跨接在電池兩端，經過約 1 分鐘，鋼絲絨果

　　　然匹哩啪拉燒了起來，迅速拿掉電池，火勢卻沒有消失，反而

　　　越燒越旺盛。

Q2：小小電池為甚麼可以點燃鋼絲絨？

Q3：為何將電池拿掉之後，鋼絲絨還能越燒越旺盛呢？

題型二十一　化學平衡與勒沙特列原理

題型二十一　化學平衡與勒沙特列原理

```
可逆反應                    化學平衡定律 ── 平衡常數                    濃　度

        化學平衡系統                                                     壓力或體積

動態平衡                    勒沙特列定律 ── 影響平衡的因素                溫　度
```

試問 $60\,^{\circ}\mathrm{C}$ 時，此反應的平衡常數為何？　　　　　　（96 指考）

(A) 0.20　　　　　(B) 1.0　　　　　(C) 2.0　　　　　(D) 4.0　　　　　(E) 8.8

【答案】D

【解析】

$$A_{2(g)} \quad + \quad B_{2(g)} \quad \rightleftharpoons \quad 2\,AB_{(g)}$$

前	0.30	0.15
中	−0.10	−0.10	+0.20
後	0.20	0.05	0.20

則 $K_c = \dfrac{[AB]^2}{[A_2][B_2]} = \dfrac{\left[\dfrac{0.20}{V}\right]^2}{\left[\dfrac{0.20}{V}\right]\left[\dfrac{0.05}{4}\right]} = 4.0$

解題切入觀點

平衡常數的求法是一個重點，與濃度及方程式係數有關。題型 21 與 22 都是 99 課綱編入的學測範圍，所以一定要留意基本定義，如「化學平衡定律」、「勒沙特列定律」等，皆應徹底瞭解。

大為老師告訴你正確觀念

　　某些含水結晶鹽類，在脫水後可形成無水鹽類，這過程屬於可逆反應，然而，是屬於化學變化或是物理變化呢？此常困擾同學。以氯化亞鈷的反應為例：

$$CoCl_2 \cdot 6H_2O \rightarrow CoCl_2 + 6H_2O$$

　　在數學上「項」的定義，是以加減號為界，式中若有乘除號則視為同一項。那「$CoCl_2 \cdot 6H_2O$」化學式中含有幾種化合物？又「$CoCl_2 + 6H_2O$」含有幾種化合物？所以此反應屬於物理變化或是化學變化，已不言可喻了。

一、可逆反應

1. 定義：有的化學反應，會有反應物互相反應而產生生成物的正反應，同時亦有生成物互相反應而產生原來反應物的逆反應。這種正、逆反應能同時進行的反應，稱為可逆反應。

2. 動態平衡：達平衡時，正、逆反應仍繼續進行，但兩者反應速率相等，但濃度等某些因素不一定相等。

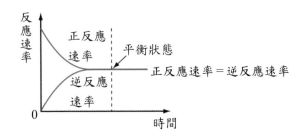

二、平衡常數

1. 挪威化學家顧柏（C.M.Guldberg）與瓦格（P.Waage）在 1864 年提出「化學平衡定律（law of chemical equilibrium）」來描述反應平衡時各物質間的濃度關係。

2. 內容：設某反應 $a\,A_{(aq)} + b\,B_{(aq)} \rightleftharpoons c\,C_{(aq)} + d\,D_{(aq)}$ 達平衡時，平衡常數表示式為 $K = \dfrac{[C]^c[D]^d}{[A]^d[B]^b}$，K 即為平衡常數（equilibrium constant），在定溫下為定值，而[A]、[B]、[C]、[D]則為其濃度。

3. 濃度平衡常數（K_C）與壓力平衡常數（K_P）的關係：
   $K_P = K_C\,(RT)^{\Delta n}$，$\Delta n$ 即生成物的莫耳數和減去反應物的莫耳數和。
   $\Delta n = (c+d) - (a+b)$

4. 平衡常數與方程式的關係：
   (1) 方程式變 n 倍，平衡常數變 n 次方。（n 亦可為分數）
   (2) 正逆反應的平衡常數互為倒數。
   (3) 方程式相加，平衡常數相乘；方程式相減，平衡常數相除。

如： $A + B \rightarrow C$ $K_1 = [C] / [A][B]$

$+)\ C \rightarrow D + E$ $K_2 = [D][E] / [C]$

$A + B \rightarrow D + E$ $K_3 = [D][E] / [A][B] = K_1 \times K_2$

三、勒沙特列原理：

1. 西元 1884 年法國‧勒沙特列（Henri louis Le Châtelier）提出平衡移動方向的判斷方法：加一影響平衡的因素於一平衡系中，則此平衡會朝抵消此一因素的方向移動，以達新的平衡。

2. 所謂影響平衡的因素為濃度（壓力或體積）、溫度。

類題 1

大理石的主要成分是碳酸鈣，下列哪些因素可以影響大理石在水中的溶解度？

(A) pH 值　　(B) 攪拌　　(C) 水溫　　(D) 水的體積　　(E) 大理石顆粒的大小

（94 指考）

【答案】AC

【解析】(A) $CaCO_{3(s)} \rightleftharpoons Ca^{2+}_{(aq)} + CO_3^{2-}_{(aq)}$

碳酸根與酸反應形成二氧化碳與水

（$CO_3^{2-} + 2\,H^+ \rightarrow CO_2 + H_2O$）

pH 下降，$[H^+]$ 增加，平衡往右移，溶解度增加

(B) 溫度上升，平衡往右移，溶解度增加

飽和溶液的平衡

　　將一杯飽和蔗糖溶液中投入蔗糖方塊（如圖一）。經過若干時間，原本的蔗糖方塊看起來好像是遇水崩解而完全沉澱在杯底（如圖二），因為經過濾秤重後，發現沉澱的蔗糖與原本的蔗糖方塊等重。

　　你怎麼看這件事？因為飽和溶液的溶解度不變，故一般的學生都知道蔗糖不會再溶解，所以許多同學都認為這是因為蔗糖方塊遇水崩解沉澱在杯底。但學過反應平衡的同學都知道：這是因為溶液中沉澱所析出的蔗糖量與蔗糖方塊溶解的蔗糖量速率相等。然而，我們如何證實這個原理？

　　同位素標示法是可以運用的。我們可以在原本的溶液中所加入的蔗糖標記為 C-12，而投入的蔗糖塊則使用標記為 C-14 的蔗糖，當蔗糖塊「崩解」後，如果溶液中與沉澱的蔗糖中同時含有 C-12 與 C-14 的成分，就可以證實我們的理論。

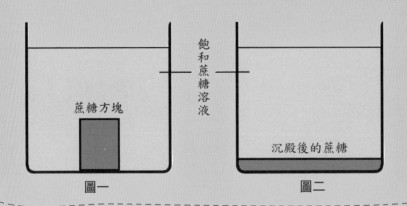

圖一　　　　　　　　　　　圖二

題型二十二　溶解度平衡與沉澱

題型二十二　溶解度平衡與沉澱

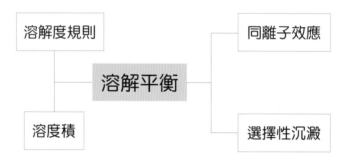

範 例

下表是硝酸銀、硝酸鎂、硝酸鋇、硝酸鎳四種溶液與氫氧化鈉、氯化鈉、硫酸鈉、硫化鈉等四種溶液作用的結果，表中的「－」表示沒有沉澱。以上所有水溶液的濃度都是 0.01 M。有一水溶液含 Ag^+、Mg^{2+}、Ba^{2+} 及 Ni^{2+} 四種陽離子各 0.01 M。若以 NaOH、NaCl、Na_2SO_4 及 Na_2S 溶液作為試劑使之分離，則下列滴加四種試劑的先後順序中，哪一項可達到分離的目的？ （97 學測）

(A) NaOH；NaCl；Na_2SO_4；Na_2S

(B) Na_2S；NaOH；NaCl；Na_2SO_4

(C) Na_2SO_4；Na_2S；NaOH；NaCl

(D) NaCl；Na_2SO_4；NaOH；Na_2S

(E) NaCl；Na_2SO_4；Na_2S；NaOH

	$AgNO_3$	$Mg(NO_3)_2$	$Ba(NO_3)_2$	$Ni(NO_3)_2$
NaOH	棕色沉澱	白色沉澱	－	綠色沉澱
NaCl	白色沉澱	－	－	－
Na_2SO_4	－	－	白色沉澱	－
Na_2S	黑色沉澱	－	－	黑色沉澱

【答案】E

【解析】(A)若先加入 NaOH，會有 AgOH、$Mg(OH)_2$ 及 $Ni(OH)_2$ 沉澱，故並未有效分離；

(B)若先加入 Na_2S 則會有 Ag_2S 及 NiS 同時沉澱，故並未有效分離；

(C)若先加入 Na_2SO_4 則先產生 $BaSO_4$ 沉澱，再加入 Na_2S 則會有 Ag_2S 及 NiS 同時沉澱，故並未有效分離；

(D)若先加入 NaCl 則先產生 AgCl 沉澱，再加入 Na_2SO_4 則產生 $BaSO_4$ 沉澱，接下來若加入 NaOH 則會有 $Mg(OH)_2$ 及 $Ni(OH)_2$ 同時沉澱，故並未有效分離；

(E)第一種及第二種試劑反應同，第三種加入 Na_2S 則會有 NiS 沉

澱，最後加入 NaOH 產生 $Mg(OH)_2$沉澱，一次只產生一種沉澱，故可有效分離。

解題切入觀點

每次加入一種試劑，只能有一種物質沉澱，才可達到分離的目的。

大為老師請你動動腦

Q1：西瓜為何冰了之後吃起來比較甜？

Q2：剛皂化完畢的溶液為何要加入濃食鹽水來鹽析？

Q3：內臟攝影所應用的顯影劑，通常還要加入其它物質以防我們人體吸收中毒，原理是甚麼？

Q4：傳統攝影所使用的「定影劑」，原理是甚麼？

Q5：製造肥皂過程最後為何要加入飽和食鹽水？

Q6：阿茲海默症（老年癡呆症）的治療新方，與化學平衡有何關係？

一、溶解度規則（參考題型七反應類型）

二、常見沉澱物顏色

沉澱物	AgCl	AgBr	AgI	Ag_2CrO_4	Ag_2S	$BaSO_4$	$BaCrO_4$	$Cr(OH)_3$
顏色	白	淡黃	黃	磚紅	黑	白	黃	綠
沉澱物	$Cu(OH)_2$	CuS	$Fe(OH)_3$	$PbCl_2$	$PbCrO_4$	PbI_2	ZnS	$CaCO_3$
顏色	藍	黑	紅褐	白	黃	黃	白	白

三、溶度積

1. 溶度積常數（solubility product constant, K_{sp}）：

    (1)定義：某難溶解的鹽類（A_nB_m）溶於水中，解離式 $A_nB_{m(s)} \rightleftharpoons n\ A^{m+}_{(aq)} + m\ B^{n-}_{(aq)}$，在某一溫度下達平衡時，其平衡常數可以表示為 $K = [A^{m+}]^n[B^{n-}]^m$，所以我們定 $K = K_{sp} = [A^{m+}]^n[B^{n-}]^m$。

    (2)性質：

    ①對解離平衡式 $A_nB_{m(s)} \rightleftharpoons n\ A^{m+}_{(aq)} + m\ B^{n-}_{(aq)}$，若是由兩溶液混合要形成 $A_nB_{m(s)}$的沉澱時，只要其離子乘積 $[A^{m+}]^n[B^{n-}]^m > K_{sp}$ 即可產生沉澱，不需要$[A^+] = [B^-]$。

    ②K_{sp}大，表示溶解度大，較不易沉澱，但仍得看K_{sp}的形式而定。

2. 溶解度積常數會受到溫度的影響。溫度升高，會使吸熱反應的 K_{sp}值變大（即溶的更多）。

四、同離子效應：在一微溶性鹽類的溶解平衡系中，若加入含有與平衡系相同的離子時，則原平衡系離子的濃度會降低。

五、選擇性沉澱：若溶液中含多種離子，可同時對加入之離子做沉澱反應時，產生沉澱的順序是由各難溶鹽依達 K_{sp}值所需加入離子的濃度做判斷。

類題 1

某水溶液含有甲、乙、丙三種金屬離子。若進行圖中所示的實驗操作，即可分離這些離子。試問該水溶液中的甲、乙、丙各為何種離子？（從下面的選項中擇一正確的組合）

（92 指考）

選項	甲離子	乙離子	丙離子
(A)	Ag^+	Fe^{2+}	Zn^{2+}
(B)	Ag^+	Fe^{2+}	Cu^{2+}
(C)	Pb^{2+}	Fe^{3+}	Cu^{2+}
(D)	Pb^{2+}	Fe^{3+}	Zn^{2+}
(E)	Pb^{2+}	Fe^{2+}	Zn^{2+}

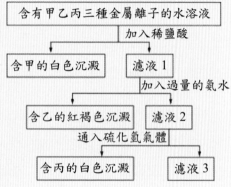

【答案】D

【解析】 1. $Pb^{2+} + 2Cl^- \rightarrow PbCl_2\downarrow$（白色沉澱）

2. $Fe^{3+} + 3NH_3 + 3H_2O \rightarrow Fe(OH)_3\downarrow$（紅褐沉澱）$+ 3NH_4^+$

3. $Zn^{2+} + 2NH_3 + 2H_2O \rightarrow Zn(OH)_2 + 2NH_4^+$

4. $Zn(OH)_2 + NH_3 \rightarrow Zn(NH_3)_4^{2+} + 2OH^-$

5. $Zn(NH_3)_4^{2+} + H_2S \rightarrow ZnS\downarrow$（白色沉澱）$+ 2NH_3 + 2NH_4^+$

製造肥皂過程中的鹽析屬於同離子效應

模擬試題

大學入學學力測驗化學科模擬試題

陳大為命題

一、單選題

( ) 1. 下列四圖中，小白球代表氫原子，大灰球代表氧原子。那一圖最適合表示常溫常壓（NTP）下，氫氣與氧氣混合氣體的狀態？

 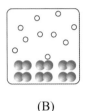 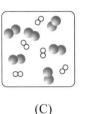 

       (A)   (B)   (C)   (D)

( ) 2. 下列何種性質屬於物理性質？ (A)沸點 (B)密度 (C)熱量 (D)pH 值

( ) 3. 下列何者與固體在水中的溶解度關係較大？ (A)水的溫度 (B)大氣的壓力 (C)固體的種類 (D)固體的密度

( ) 4. $_{12}^{24}Mg^{2+}$ 離子中的電子數、質子數、中子數分別為何？ (A)（14，12，24）(B)（2，12，24） (C)（10，12，12） (D)（22，12，12）

( ) 5. 質量數為 1 的氫離子含有哪些基本粒子？ (A)只有質子 (B)質子、中子 (C)質子、電子 (D)質子、中子、電子

( ) 6. 某碳氫化合物 2.4 克，經完全燃燒後產生 6.6 克二氧化碳，則此化合物最可能之分子式為何？ (A)CH_4 (B)C_2H_6 (C)C_2H_4 (D)C_3H_8 (E)C_4H_{10}

( ) 7. 工廠的廢氣以及汽機車的排氣中，氮與氧的化合物可藉由適量的氨氣及催化劑，將其還原成無毒的 N_2 和 H_2O。今有 NO 與 NO_2 的混合氣體 2.0 升，若用與混合氣體同溫同壓的氨氣 2.0 升，恰好可使該混合氣體完全反應變成 N_2 與 H_2O。試問該混合氣體中，NO 與 NO_2 的莫耳比為何？ (A)1：1 (B)1：2 (C)1：3 (D)3：1 (E)2：1

( ) 8. 在標準狀況下，已知 $SnCl_{2(s)}$ 之莫耳生成熱為 -349.8 kJ，且已知：$SnCl_{2(s)} + Cl_{2(g)} \rightarrow SnCl_{4(l)}$，$\Delta H = -195.4$ kJ 試問 $SnCl_{4(l)}$ 之莫耳生成熱應為多少？ (A)154.4 kJ (B)-154.4 kJ (C)-545.2 kJ (D)545.2 kJ (E)-740.6 kJ

( ) 9. 下列哪一選項混合物，在常溫、常壓共存時，<u>不易</u>引起化學反應？ (A)$H_2O_{(\ell)}$、$Na_{(s)}$、$CH_3OH_{(\ell)}$ (B)$NO_{(g)}$、$N_{2(g)}$、$O_{2(g)}$ (C)$Ne_{(g)}$、$O_{2(g)}$、$N_{2(g)}$ (D)$CO_{(g)}$、$CO_{2(g)}$、$Ca(OH)_{2(aq)}$ (E)$AgNO_{3(aq)}$、$KNO_{3(aq)}$、$K_2CrO_{4(aq)}$

( ) 10. 下列各元素最外層的電子數最多者為何？ (A)O (B)P (C)S (D)Cl (E)He

( ) 11. 家用的瓦斯有天然氣（主成分 CH_4）或罐裝瓦斯（主成分 C_4H_{10}）。若在

同溫同壓，分別使同體積的 CH_4 與 C_4H_{10} 完全燃燒，則 C_4H_{10} 所需空氣的量是 CH_4 的幾倍？ (A)$\frac{5}{11}$ (B)$\frac{7}{3}$ (C)2 (D)2.5 (E)3.25

( ) 12.分子式為 C_4H_6 的化合物具有許多同分異構物，這些異構物可能屬於下列哪些類別？ (A)烷類、烯類 (B)烯類、炔類 (C)炔類、烷類 (D)芳香類、烷類

( ) 13.胺基乙酸之胺基的 $K_a = 6 \times 10^{-3}$，羧基的 $K_b = 4.3 \times 10^{-3}$，若將少量胺基乙酸溶於 pH＝2 的水溶液，則下列各結構之物種，何者濃度最大？ (A)H_2N-CH_2-COO- (B)$H_3N^+-CH_2-COOH$ (C)H_2N-CH_2-COOH (D)$H_3N^+-CH_2-COO-$

( ) 14.下列有關各種形態的能量相互轉換的敘述中，哪一項是錯誤？ (A)家庭電暖爐將電能轉換成熱能 (B)風力發電機將力學能轉換成電能 (C)FX35 高級跑車噴射引擎將電能轉換成力學能 (D)光合作用將光能轉換成化學能 (E)鹼性電池將化學能轉換成電能

( ) 15.下表中哪些現象可能會造成全球氣溫的提升的溫室效應？

I	沙塵暴造成大氣中的懸浮微粒增加
II	人類大量使用煤、石油等化石燃料
III	火山噴發，大量火山灰進入大氣
IV	人類為取得更多可使用的土地，大量砍伐雨林

(A) I (B) I、III (C) II、IV (D) I、II、III、IV

( ) 16.附圖是一管徑均勻，兩端封閉的水銀壓力計。將 X、Y 兩種不同的理想氣體，分別注入壓力計中。在標準狀況時，測 X 氣體、Y 氣體個別的壓力，結果量得水銀高度差均為 h 公分，則下列哪一項敘述正確？ (A)X 與 Y 的壓力均為 h cmHg (B)X 氣體的壓力大於 Y 氣體的壓力 (C)X 氣體的壓力小於 Y 氣體的壓力 (D)所測得 X 與 Y 的分子數目一定相同 (E)X 與 Y 一定都是純物質

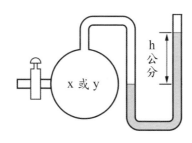

（　　）17.已知氧氣的擴散速率為 X 氣體之 2 倍，但為 Y 氣體之 2.5 倍。取兩個完全相同之真空容器，一個通入 3.2 克之 X 氣體，並保持在 27 ℃。另一個通入 2.5 克之 Y 氣體，如欲使此二容器具有相同之壓力，則含 Y 氣體之容器，其溫度應控制在幾度？　(A)27 ℃　(B)127 ℃　(C)150 ℃　(D)327 ℃　(E)600 ℃

（　　）18.下列何項的性質會影響化學反應速率常數的大小？　(A)反應總級數與壓力　(B)反應物的性質與溫度　(C)所有反應物的分子數與反應總級數　(D)反應限量試劑的濃度及其級數

二、多選題

（　　）1. 下列哪種濃度表示法，其數值會隨溫度、壓力變化而改變？　(A)莫耳分率　(B)體積莫耳濃度　(C)重量莫耳濃度　(D)重量百分率　(E)體積百分率

（　　）2. 甲、乙、丙、丁為原子或離子，其所含的各粒子的數目如附表。試就表中的數據，判斷下列相關的敘述何者正確？　(A)甲、乙為同量素　(B)乙、丙為同量素　(C)甲、乙、丙為同位素　(D)甲、乙、丁為電中性　(E)丙、丁為同位素　(F)丙為離子

	甲	乙	丙	丁
質子數	2	2	3	3
中子數	1	2	3	4
電子數	2	2	2	3

（　　）3. 下列各電子點式中間的阿拉伯數字代表質子數，「‧」代表核外電子，則下列哪些為陰離子？　(A) 8　(B) 17　(C) 11　(D) 20　(E) 1

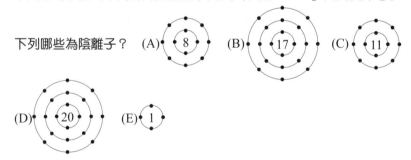

（　　）4. 下列何者有參鍵？　(A) C_2H_2　(B) N_2　(C) CO　(D) HCl　(E) C_2H_4。

（　　）5. 已知許多國家以酒精為生質能源，而從蔗糖和澱粉中提煉酒精，技術上已

成熟。近年來，各國科學家積極開發使用農業廢棄物如玉米稈、稻稈等為原料的研發方向，主要利用廢棄莖稈的纖維素、半纖維素等成分，提煉出木糖或葡萄糖，經純化過程，皆可製成純度相當高的纖維酒精。下列有關利用植物做為原料製成生質酒精的敘述，哪些正確？　(A)目前人類要從甘蔗、玉米中的蔗糖和澱粉，成功提煉酒精尚屬理論　(B)玉米稈、稻稈等農業廢棄物中的半纖維素、纖維素等，由於分解過程困難，故無法製成酒精　(C)水稻莖稈中的纖維素存在於細胞壁中　(D)甘蔗、玉米的蔗糖和澱粉存在於液胞中　(E)蔗糖、木糖、葡萄糖的分子量均較纖維素的分子量為小

(　) 6. 下列關於常用電池的敘述，何者正確？　(A)酸性乾電池以鋅殼為正極，二氧化錳為負極，以氯化銨的糊狀物為電解液　(B)鎳鎘電池可重複充電，屬於二次電池，但有鎘汙染的缺點，會造成公害　(C)鉛蓄電池以二氧化鉛為正極，鉛為負極，以稀硫酸為電解液　(D)依環保觀念，鉛蓄電池必須回收，以防止汙染　(E)乾電池放電後，電池內水分減少，故稱為乾電池。

(　) 7. 用 80mL、0.5 M 之 HCl 溶液恰可中和下列哪些相關溶液？　(A)20 mL、2M 之 NaOH 溶液　(B)20 mL、1M 之 KOH 溶液　(C)40 mL、2M 之 Na_2CO_3 溶液　(D) 20 mL、1M 之 $Ca(OH)_2$ 溶液　(E) 20 mL、2M 之 $Mg(OH)_2$ 溶液

(　) 8. 三支試管分別裝有硝酸、氫氧化鈉溶液及硝酸鉀水溶液，已知各溶液的濃度均為 0.1M，但標籤已脫落無法辨認。今將三支試管分別標示為甲、乙、丙後，從事實驗以找出各試管是何種溶液。實驗結果如下：

(1)各以酚酞檢驗時只有甲試管變紅色。

(2)加入藍色溴瑞香草酚藍（BTB）於丙試管時，變黃色。

(3)試管甲與試管丙的水溶液等量混和後，上述兩種指示劑都不變色，加熱蒸發水份後得白色晶體。

試問甲試管、乙試管、丙試管所含的物質依序為下列哪一項？（應選一項）　(A)硝酸、硝酸鉀、氫氧化鈉　(B)氫氧化鈉、硝酸鉀、硝酸　(C)硝酸鉀、硝酸、氫氧化鈉　(D)硝酸、氫氧化鈉、硝酸鉀　(E)氫氧化鈉、硝酸、硝酸鉀

(　) 9. 已知碘化氫在 25 ℃、1 atm 的熱化學反應式如後：$\frac{1}{2}$ $H_{2(g)}$ + $\frac{1}{2}$ $I_{2(g)}$ + 25.9 kJ/mol → $HI_{(g)}$。若碘化氫的生成及分解反應為一可逆的平衡反應，而其反應過程和能量的關係如附圖示，下列哪些敘述正確？　(A)碘化氫的生成為放熱反應　(B)碘的昇華為吸熱反應　(C)加入催化劑時，只增加碘化氫的生成速率　(D)若正反應的活化能為 169 kJ 時，逆反應的活化能則為 178 kJ

(E)在達到化學反應平衡狀態時，正反應與逆反應的速率都是 0

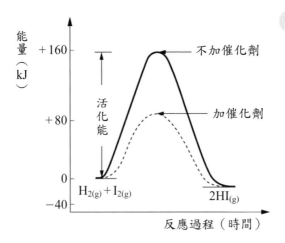

( ) 10.光合作用熱化學反應式為：$6\ CO_{2(g)} + 6\ H_2O_{(l)} \rightarrow C_6H_{12}O_{6(s)} + 6\ O_{2(g)}$　ΔH $= 2801\ kJ$

下列關於光合作用的敘述，何者正確？　(A)升高溫度有利於此反應的平衡往產物的方向移動　(B)由此反應式可知，葡萄糖的莫耳生成熱為 2801 千焦　(C)此反應每產生一個葡萄糖分子，至少需要 6 個二氧化碳分子共獲得 24 個電子　(D)此反應的平衡常數等於葡萄糖與氧氣反應的反應速率常數（$k_{逆向}$）和二氧化碳與水的反應速率常數（$k_{正向}$）的商值　(E)葉綠素未出現在此反應式中，是因其不是反應物也不是生成物，但是葉綠素實際上，確有參與光化學氧化還原反應

三、非選題

1. 某一混合液含有 $AgNO_3$、$Fe_2(SO_4)_3$ 和 $AlCl_3$，試以所附流程圖加以分離和鑑定。
   (1)寫出濾液 A 中主要之離子化學式。
   (2)寫出沉澱 F 的化學式。
   (3)寫出步驟(b)中生成沉澱 B 的反應方程式。
   (4)寫出步驟(d)中生成沉澱 E 的反應方程式。

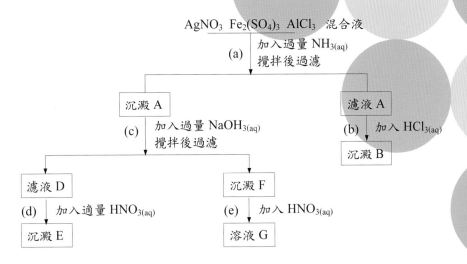

2. 附圖為部份的週期表，該表中標示有甲至己六個元素，根據週期表元素性質變化的
   規律與趨勢，回答下列題目：
   (1)所有標示元素中，何者最容易形成正一價的陽離子？
   (2)所有標示元素中，何者原子直徑最大？
   (3)甲至己六個元素中，何者金屬性最強？

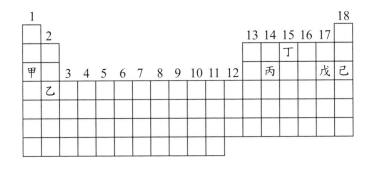

3. 在 25℃、1 atm 下，已知下列各熱化學方程式：

   $H_2O_{(g)} \rightarrow H_2O_{(\ell)}$　　　　　　　　$\Delta H = -50$ kJ（式 1）

   $2H_{2(g)} + O_{2(g)} \rightarrow 2H_2O_{(\ell)}$　　　　$\Delta H = -500$ kJ（式 2）

   $C_{(s)} + 2H_{2(g)} \rightarrow CH_{4(g)}$　　　　　$\Delta H = -100$ kJ（式 3）

   $C_{(s)} + O_{2(g)} \rightarrow CO_{2(g)}$　　　　　$\Delta H = -400$ kJ（式 4）

   求 $CH_{4(g)} + 2O_{2(g)} \rightarrow 2H_2O_{(g)} + CO_{2(g)}$ 之反應熱（ΔH）為多少？

4. 李曉熙是一位胃病患者，檢查顯示其胃液中含氫氯酸的濃度為 0.080M，用含氫氧
   化鋁 $Al(OH)_3$ 的胃藥中和，化學反應式如下：

$Al(OH)_3 + 3\ HCl \rightarrow AlCl_3 + 3\ H_2O$

(1)若此病人共分泌出 0.5 升的胃液,需服用多少克的氫氧化鋁,恰可中和胃酸?(原子量 H＝1.0、O＝16.0、Al＝27.0) 　(A)0.26　(B)0.64　(C)1.46　(D)4.12

(2)除了氫氧化鋁,下列哪種化合物也適合做胃藥的成分?　(A)$Mg(OH)_2$　(B)KOH　(C)NH_4Cl　(D)CH_3COONa

(3)若服用如小蘇打成份為主的胃藥,常造成脹氣,原因為何?

5. 在請依 IUPAC 系統命名法畫出下列化合物的結構式:

(1)2,4,4-三甲基己烷;(2)2,6-二甲基-4-乙基辛烷;(3)3-甲基-4-乙基庚烷

6. 陳大為分析甲、乙、丙、丁四種末知物質,經過檢測將其性質列於附表:根據附表提供的資料,回答下列(1)～(3)題:

物質	外觀	熔點(℃)	導電性	對水的溶解性
甲	質地堅硬	146	無	可溶
乙	堅硬、無色	1600	無	不可溶
丙	堅硬、橘色	398	在熔融狀態才可導電	可溶
丁	軟、黃色	113	無	不可溶

(1)下列何者可能為蔗糖晶體?　(A)甲　(B)乙　(C)丙　(D)丁

(2)下列何者可能為二鉻酸鉀晶體?　(A)甲　(B)乙　(C)丙　(D)丁

(3)下列何者可能為鑽石?　(A)甲　(B)乙　(C)丙　(D)丁

7. 石油主要是由烴類化合物組成的混合物,附圖是煉油的分餾塔簡圖,碳數約為 13～19 的餾分由丙出口流出,試回答下列問題:

(1)甲出口與丙出口的物質成份相比,下列敘述何者正確?　(A)兩者的熔沸點一樣　(B)甲出口之餾分的平均分子量比丙的大　(C)丙出口之物質的平均分子量比甲的大　(D)兩者的平均分子量一樣,但化學結構不同,所以稱為「同分異構物」。

(2)有關各出口物質的性質與用途,下列敘述何者正確?　(A)甲出口之物質是氣體,冷凝收集後,多用作發電機燃油　(B)乙出口之物質的碳數超過 30,多用作鋪路使用　(C)無鉛汽油直接從丙出口流出,辛烷值高,可防爆震,並防公害　(D)丁出口的產物是分子量非常大的殘餘物,如瀝青。

(3)下列何者與石油化學工業較無關聯?　(A)輪胎　(B)洗衣粉　(C)紡織業　(D)發酵食品。

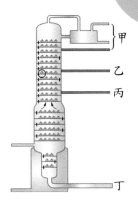

甲

乙

丙

丁

8. 下列 2 個氧化還原反應，試寫出該反應的氧化及還原半反應式，並平衡轉移之電子數，寫出全反應式。

(1)將銅片投入硝酸銀水溶液中，反應產生金屬銀沈澱及硝酸銅。

(2)將氯氣通入氫氧化鈉水溶液中產生氯化鈉、次氯酸鈉及水。

解 答

一、單選題

1. 答案：C

   解析：氧氣是雙原子分子，而氖氣為惰氣是單原子分子，氣體能均勻混合

   參考題型：物質分類

2. 答案：ABC

   解析：D 為化學性質。

   參考題型：物質分類

3. 答案：A

   解析：一般固體對水的溶解度，溫度的影響程度最明顯。

   參考題型：濃度與溶解度

4. 答案：C

   解析：$^{24}_{12}Mg^{2+}$ 有 12-2 個電子，12 個質子，24-12 個中子

   參考題型：原子結構與電子排列

5. 答案：A

   解析：質量數為 1 的氫離子 $\Rightarrow$ 質子數 $=1$，電子數 $=1-1=0$，中子數 $=1$
   $-1=0$ $\therefore$ 只有 1 個質子。

   參考題型：原子的結構與電子排列

6. 答案：A

   解析：$W_C = 6.6 \times \dfrac{12}{44} = 1.8$，$W_H = 2.4 - 1.8 = 0.6$；

   $n_C : n_H = \dfrac{1.8}{12} : \dfrac{0.4}{1} = 1 : 4$

   參考題型：化學反應與計量

7. 答案：A

   解析：$6NO + 4NH_3 \rightarrow 5N_2 + 6H_2O$

   $a \dfrac{2}{3}a$

   $6NO_2 + 8NH_3 \rightarrow 7N_2 + 12H_2O$

   $b \dfrac{4}{3}b$

$$a + b = 2 \cdots\cdots\cdots\cdots (1)$$

$$\frac{2}{3}a + \frac{4}{3}b = 2 \cdots\cdots\cdots (2)$$

$$\therefore a = 1 \quad b = 1$$

即 $a : b = 1 : 1$

參考題型：化學反應與計量

8. 答案：C

解析：$Sn_{(s)} + Cl_{2(g)} \rightarrow SnCl_{2(s)}$，$\Delta H = -349.8$ kJ （1 式）

$SnCl_{2(s)} + Cl_{2(g)} \rightarrow SnCl_{4(l)}$，$\Delta H = -195.4$ kJ （2 式）

$Sn_{(s)} + 2Cl_{2(g)} \rightarrow SnCl_{4(l)}$，$\Delta H = -545.2$ kJ （1 ＋ 2 式）

參考題型：能量變化與赫斯定律

9. 答案：C

解析：(A)$2\,Na + 2\,H_2O \rightarrow 2\,NaOH + H_2$ 或 $2\,Na + 2CH_3OH \rightarrow 2\,CH_3ONa + H_2$；(B)$2\,NO + O_2 \rightarrow 2\,NO_2$；(D)$CO_2 + Ca(OH)_2 \rightarrow CaCO_3 + H_2O$；(E)生 $Ag_2CrO_4\downarrow$。

參考題型：反應類型

10. 答案：D

解析：價電子數量最多者，對主族元素而言，價電子數等於族數（除He外），即：(A)6；(B)5；(C)6；(D) 7；(E)2。

參考題型：週期表

11. 答案：E

解析：$CH_4 + 2\,O_2 \rightarrow CO_2 + 2\,H_2O$，$C_4H_{10} + 13/2\,O_2 \rightarrow 4CO_2 + 5\,H_2O$

參考題型：烴類

12. 答案：B

解析：C_4H_6，CnH_{2n-2}屬於炔或環烯。

參考題型：烴類

13. 答案：B

解析：在酸中，如附圖所示

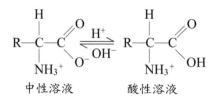

中性溶液　　　　　酸性溶液

參考題型：溶解度平衡與沉澱

14.答案：C

解析：(C)噴射引擎是將化學能轉變成力學能。

參考題型：化石燃料與能源

15.答案：C

解析：Ⅱ：CO_2 急遽增加，Ⅳ：減少 CO_2 被吸收的量。

參考題型：化學與化工

16.答案：D

解析：水銀高度差相同代表壓力相同，但未必 $=h\,cm\,Hg$，氣體壓力相同則分子數相同。

參考題型：氣體的性質與分壓

17.答案：D

解析：$M_x=128$，$M_y=200$　　$PV=nRT$　若同壓定容，則 $n \propto \dfrac{1}{T}$

$$\dfrac{3.2/64}{2.5/100}=\dfrac{t+273}{300} \Rightarrow t=327\,(℃)$$

參考題型：氣體綜合

18.答案：B

解析：影響反應速率常數的因素：反應物種類（活化能）、溫度、催化劑。

參考題型：反應速率定律

二、多選題

1. 答案：BE

解析：體積會受到溫壓影響。

參考題型：濃度與溶解度

2. 答案：DEF

解析：(1)原子、離子之判斷：

甲：(A) $(+2)+(-2)=0$ （原子）

乙：(B) $(+2)+(-2)=0$ （原子）

丙：(C) $(+3)+(-2)=+1$ （陽離子）

丁：(D) $(+3)+(-3)=0$ （原子）

(2)同位素之判斷：原子序（質子數）相同

甲、乙皆為質子數$=2$

丙、丁皆為質子數$=3$。

(3)同量素之判斷：質量數相同

甲$=3$　乙$=4$　丙$=6$　丁$=7$。

參考題型：原子結構與電子排列

3. 答案：BE

解析：當核外電子總數少於質子數時為陽離子，若相等則為中性原子，大於則為陰離子。

參考題型：原子與分子、原子量與分子量

4. 答案：ABC

解析：(A) $H-C\equiv C-H$　(B) $:N\equiv N:$　(C) $:C\equiv O:$　(D) $H-\ddot{\underset{\cdot\cdot}{Cl}}:$

(E) $\underset{H}{\overset{H}{>}}C=C\underset{H}{\overset{H}{<}}$

參考題型：化學鍵

5. 答案：CDE

解析：由短文內容知(A)(B)不正確；澱粉存在於細胞胞液中，而纖維素用來構成細胞壁，故(C)(D)正確；木糖為五碳醣，葡萄糖為六碳醣，蔗糖為雙醣，均為低分子量的醣類。纖維素為聚合物，屬於高分子量的醣類，故(E)正確。

參考題型：常見的有機化合物

6. 答案：BCD

解析：(A)鋅為負極、二氧化錳為正極　(E)乾電池放電後會產生水

參考題型：氧化還原與電池

7. 答案：AD

解析：原理：酸所放 n_{H^+}＝鹼所放 n_{OH^-}

(A) $n_{H^+}=0.5\times80\times1=n_{OH^-}=2\times20\times1$

(D) $n_{H^+}=0.5\times80\times1=n_{OH^-}=1\times20\times2$

參考題型：酸鹼度與中和

8. 答案：B

解析：(1)甲為鹼性，應為氫氧化鈉

(2)丙為酸性，應為硝酸

參考題型：電解質

9. 答案：ABD

解析：(C)加入催化劑時，正逆反應速率均增加　(D)$\Delta H＝Ea-Ea'$，若正反應的活化能為 169 kJ 時，逆反應的活化能則為 194.9 kJ　(E)在達到化學反應平衡狀態時為動態平衡，正反應與逆反應的速率都不為 0

參考題型：反應速率模型與影響因素

10. 答案：ACE

解析：(A)此反應為吸熱反應，升高溫度有利於此反應的平衡往產物的方向移動　(B)莫耳生成熱的方程式反應物應為元素組合　(C)6 個二氧化碳中的碳共獲得 24 個電子　(E)催化劑的確參與反應。

參考題型：化學平衡與勒沙特列定律

三、非選題

1. 答案：(1)$Ag(NH_3)_2^+$；(2)$Fe(OH)_3$；(3)$Ag(NH_3)_2^+ + 2\,HCl \rightarrow AgCl_{(s)} + 2\,NH_4Cl$；(4)$Al(OH)_4^- + H^+ \rightarrow Al(OH)_{3(s)} + H_2O$

解析：(1)$Ag^+ + 2\,NH_3 \rightarrow Ag(NH_3)_2^+_{(aq)}$；

(2)$Fe^{3+} + 3\,OH^- \rightarrow Fe(OH)_{3(s)}$；

參考題型：溶解度平衡與沉澱

2. 答案：(1)甲；(2)乙；(3)甲

解析：(1)IA 族易失去 1 個電子。

(2)週期越大族數越小原子直徑愈大。

(3)週期表越往左越往下，金屬性越強。

參考題型：週期表

3. 答案：$-700kJ$

解析：$-(3)+(4)+(2)-2\times(1)=-700$

參考題型：能量變化與赫士定律

4. 答案：(1)B；(2)A；(3)因碳酸鹽類與酸反應會生成 CO_2。

解析：(1) $n_{HCl}=0.08\times0.3=2.4\times10^{-2}$ mol，

　　　　而 $Al(OH)_3+3\ HCl \rightarrow AlCl_3+3\ H_2O$

　　　　$\therefore$ 需 $n_{Al(OH)_3}=\dfrac{1}{3}n_{HCl}=0.008$ mol

　　　　$\therefore$ 需 $W_{Al(OH)_3}=0.008\times78=0.64$ g

　　　(2)胃藥常用 $Al(OH)_3$，$Mg(OH)_2$，$NaHCO_3$，$CaCO_3$ 等弱鹼為原料

參考題型：化學劑量與酸鹼反應綜合題

5. 答案：(1)

$$\begin{array}{c} CH_3 \qquad\quad CH_3 \\ | \qquad\qquad\quad | \\ CH_3-C-CH_2-CH-CH_3 \\ | \\ CH_2CH_3 \end{array}$$

(2)
$$\begin{array}{c} CH_3-CH_2-CH-CH_2-CH-CH_3 \\ | \qquad\qquad\quad | \\ CH_2 \qquad\qquad CH_2 \\ | \qquad\qquad\quad | \\ CHCH_3 \qquad\quad CH_3 \\ | \\ CH_3 \end{array}$$

(3) $CH_3CH_2CH(CH_2CH_2CH_3)\ CH(CH_3)\ CH_2CH_3$

參考題型：烴類

6. 答案：(1) D；(2) C；(3) B

解析：(1)分子固體：熔點低，質軟；

　　　(2)離子固體：熔點高，熔融態可導電；

　　　(3)網狀物：熔點極高，堅硬

參考題型：化學鍵

7. 答案：(1) C；(2) D；(3) D

解析：(1)碳數越多越不易為氣液態，故沸點：丁＞丙＞乙＞甲；平均分

　　　　子量：丁＞丙＞乙＞甲。

(2)(A)甲出口含 C_1～C_4石油氣，C_5～C_{12}汽油，C_{12}～C_{16}煤油。(B)乙出口含 C_{13}～C_{19}柴油。(C)丙出口含 C_{18}～C_{20}潤滑油，汽油由甲出口流出，辛烷值太低，需外加四乙基鉛等辛烷值提升劑。

(3)發酵食品主要成分為一般食物，與石油較無關連。

參考題型：常見的有機化合物

8. 答案：詳見解析。

　　解析：(1)氧化半反應：$Cu_{(s)} \rightarrow Cu^{2+}_{(aq)} + 2\,e^-$

　　　　　還原半反應：$Ag^+_{(aq)} + e^- \rightarrow Ag_{(s)}$

　　　　　全反應：$Cu_{(s)} + 2AgNO_{3(aq)} \rightarrow Cu(NO_3)_{2(aq)} + 2Ag_{(s)}$

　　　　(2)氧化半反應：$\frac{1}{2}Cl_{3(g)} + 2\,OH^-_{(aq)} \rightarrow ClO^-_{(aq)} + e^- + H_2O_{(l)}$

　　　　　還原半反應：$\frac{1}{2}Cl_{2(aq)} + e^- \rightarrow Cl^-_{(aq)}$

　　　　　全反應：$Cl_{2(g)} + 2\,NaOH_{(aq)} \rightarrow NaCl_{(aq)} + NaClO_{(aq)} + H_2O_{(l)}$

參考題型：氧化還原與電池

國家圖書館出版品預行編目資料

學測化學必考的 22 個題型／陳大為, 蘇傑, 簡紅
典著. -- 初版. -- 臺北市：文字復興, 2012.10
面；　公分. -- (升大學；3)
ISBN 978-957-11-6847-0(平裝)
1.化學 2.問題集
340　　　　　　　　　101017887

WB02　升大學 03

學測化學必考的 22 個題型

作　　者 － 陳大為　蘇傑　簡紅典
發 行 人 － 楊榮川
總 編 輯 － 王翠華
主　　編 － 王正華
責任編輯 － 楊景涵
封面設計 － 簡愷立
插　　畫 － 陳上鈺　陳上鈴
出 版 者 － 文字復興有限公司
地　　址：106 台北市大安區和平東路二段 339 號 4 樓
電　　話：(02)2705-5066　傳　　真：(02)2706-6100
網　　址：http://www.wunan.com.tw
電子郵件：wunan@wunan.com.tw
劃撥帳號：01068953
戶　　名：五南圖書出版股份有限公司

台中市駐區辦公室 ／ 台中市中區中山路 6 號
電　　話：(04)2223-0891　傳　　真：(04)2223-3549
高雄市駐區辦公室 ／ 高雄市新興區中山一路 290 號
電　　話：(07)2358-702　傳　　真：(07)2350-236

法律顧問　元貞聯合法律事務所　張澤平律師

出版日期　2012 年 10 月初版一刷
定　　價　新臺幣 320 元